向科技创新
要答案

从好奇心到自立自强

余建斌 著

人民邮电出版社

北 京

图书在版编目（CIP）数据

向科技创新要答案：从好奇心到自立自强 / 余建斌
著. -- 北京 ：人民邮电出版社，2022.7（2023.10重印）
ISBN 978-7-115-58438-0

Ⅰ．①向… Ⅱ．①余… Ⅲ．①技术革新－研究－中国
Ⅳ．①G322.0

中国版本图书馆CIP数据核字(2022)第027604号

◆ 著　　　　余建斌

责任编辑　韦　毅

责任印制　李　东　焦志炜

◆ 人民邮电出版社出版发行　　北京市丰台区成寿寺路 11 号
邮编　100164　　电子邮件　315@ptpress.com.cn
网址　https://www.ptpress.com.cn
涿州市般润文化传播有限公司印刷

◆ 开本：720×960　1/16
印张：16　　　　　　　　2022 年 7 月第 1 版
字数：205 千字　　　　2023 年 10 月河北第 5 次印刷

定价：69.80 元

读者服务热线：(010)81055552　印装质量热线：(010)81055316
反盗版热线：(010)81055315
广告经营许可证：京东市监广登字 20170147 号

内 容 提 要

当前，科技创新对国家和社会发展的原动力作用越来越明显。科技创新的链条也越来越长且越来越复杂，从基础研究到应用基础研究，从技术创新到技术成果转化，从科技体制改革到科学精神塑造，每一个环节都举足轻重。如何看待基础研究的角色？如何加快实现高水平科技自立自强？好奇心怎样一步步转化为真正的科学探索？制度改革和环境营造又对科技发展起着什么样的作用？本书为你提供了言之有物的深度探究。

本书作者从事科技报道十余年，发表了大量带有观察和思考的科技评论文章。此次精选在《人民日报》上刊发的科技评论一百余篇，分"创新活力""探索之心""自立自强""换道赛车""精神高地"五章，通过对科技创新的脉络梳理和对科技政策的领会阐述，结合科学探索、大国重器、前沿科技和科学精神等层面的探究，为公众提供一个理解"向科技创新要答案"的视角。本书观点鲜明，可供党员和领导干部参考，帮助大家把握创新驱动发展战略要点，领会科技强国建设的重要性。

序 一

神舟飞船首任总设计师，中国工程院院士 戚发轫

习近平总书记在给参与"东方红一号"任务的老科学家的回信中强调："新时代的航天工作者要以老一代航天人为榜样，大力弘扬'两弹一星'精神，敢于战胜一切艰难险阻，勇于攀登航天科技高峰，让中国人探索太空的脚步迈得更稳更远，早日实现建设航天强国的伟大梦想。"

对此我感受很深。作为一名航天"老兵"，我有幸亲历了中国航天事业一路走来的风云激荡，见证了许多重要的历史时刻，深刻体会到航天人心怀"国之大者"，下决心也有信心能干出一番成绩来。这么多年来，我也一直有这样强烈的感觉：航天事业、航天人被党和国家厚爱，被社会和广大老百姓厚爱，被放到了很高的位置。迈向航天强国、建设科技强国，既需要创新的智慧、探索的勇气，也始终离不开良好氛围的营造，离不开全社会的大力支持。关于航天事业，公众不仅对其发展成就感兴趣，对背后的故事、凝练出的精神也很向往。

建斌把集结了他多年来对科技领域所思所想所感的这本书交到我手上，让我提一些意见和建议。建斌在《人民日报》一直从事科技报道工作，他长期和航天人在一起摸爬滚打，这些年来对航天事业情有独钟。他理解航天人的酸甜苦辣，也像他所形容的，"中国航天已成为创新高地、精神高地、人才高地，正向着新的起点努力创造新的更大成就"。当然，高地还远远不够，中国航天要不断攀登高峰，走向高水平自立自强。翻阅这本书，我也不由地被触动，索性借作序的机会，谈谈自己的一些思索。

从"东方红一号"升空到现在，我国的航天事业取得了长足进步，

中国人探索太空的脚步迈得稳、迈得远。早日实现建设航天强国的伟大梦想，需要弘扬中国航天人的精神，敢于战胜一切艰难险阻，勇于攀登航天科技高峰。这种精神，就是"两弹一星"精神，就是载人航天精神；这种精神，就是不管条件如何变化，始终坚持自力更生、艰苦奋斗。

我们的航天事业要发展、要壮大，不能靠别人，只能靠自己。"东方红一号"作为我国发射的首颗人造卫星，没有一个外国的元器件，所有元器件都是中国人自己造的。与几十年前相比，我们今天的基础更加坚实、航天人才队伍更加壮大，各种条件好了很多，但也面临新的挑战：老一代航天人当年是解决"有无问题"，别人有的我们要有；新一代航天人要解决"别人有的我们要做得比他们好，他们没有的我们也要有"的问题。新问题、新挑战会不断涌现。怎么办？这就要依靠大力传承、弘扬和践行"两弹一星"精神、载人航天精神，继续激扬自力更生、艰苦奋斗的志气。

激扬自力更生、艰苦奋斗的志气，需要重视创新。创新成果很重要，但更重要的是创新精神和鼓励创新的体制机制。既要宽容和允许失败，也要敢于承认失败，更要善于总结失败的教训。如果谁都不敢第一个吃螃蟹、不去冒风险，那就无法暴露问题、无法取得进展。取得创新成果是成功，失败后找到了原因也是成功。只有坚持自力更生，不断提升自主创新能力，才能推动我国航天科技实现跨越式发展。

自力更生、艰苦奋斗不是闭关锁国。比如在航天员培训、空间科学探索、卫星测控等方面的国际合作以及航天领域的国际学术交流合作，都有助于交流合作各方的进步和提高。我们要在自力更生、艰苦奋斗的前提下，加强国际交流合作，共同完成人类探索宇宙的使命。

"不管条件如何变化，自力更生、艰苦奋斗的志气不能丢。"不断推进技术创新，航天强国的目标就会早日实现。现在我们能把航天员送上太空，以后也能把航天员送上月球；现在我们的月球车能在月球上漫步，取回月球上的样品，新时代的航天人也能把火星上的土壤、岩石取回来。我们有这个信心。

序 二

浙江大学学术委员会主任，中国科学院院士 张泽

　　建斌的新书即将付梓，邀我作序，我欣然为之。将本书细细读来，能感受到作者作为一名科技记者的长期积累和深入思考。选择话题的精心，立论的严谨，逻辑的清晰，以及文字的清爽，都让我作为读者有一种先睹为快且"不虚此读"的收获。尤其重要的是，书中对科技领域的论述话题，比如科技创新对今天的中国有多重要，应该怎样规划和实践创新路径，等等，既是常常见于报端的讨论，也是我们科学界一直关心的话题。科学家既要做好科研，也有责任让科学的声音被大家听见，甚至可以把自己对于科学的日常思考随时和大家分享、讨论。

　　在过去的十年里，我们国家的科技事业取得了空前的发展。无论是太空飞船的对接，还是"蛟龙"的潜底；无论是航母的遨游，还是高铁的飞驰，所有这一切都是因为现代技术的快速发展。这些技术是"昨天"甚至是"前天"的科学所奠定的基础，也就是说，我们今天是在享受着"昨天"的科学发现带来的技术进步。经历新冠肺炎疫情的肆虐，大家可能深切地感受到：其实科学对于我们已经不再是奢侈品，而是生活或者说生存的必需品。没有科学的支撑，连生命的保障都得不到，像疫苗研制等都是建立在医学界、公共卫生界对病毒的科学分析基础上的。

　　显然，我们当前生活在一个技术文明的环境中，每时每刻都享受着这种恩泽，而这种技术文明的基础是科学，依托于科学发现、科学事业的发展。我个人认为，我们国家有很好的技术发明历史，但相对来说，系统的、严谨的、按照学科完备性建立起来的科学，在中国的历史上，

发展时间却并不太长，所以才会有百年前中国共产党人和更早一点的五四运动对科学与民主的呼唤，实际上这是要唤起人们对科学的尊重。在救亡图存的风云岁月里，科学救国是爱国的重要途径。在浙大的历史上，有很多风云人物，例如"两弹一星"元勋程开甲先生，他是抗日战争期间浙大西迁湄潭时期物理系的学生，最后成了"核司令"。浙大西迁时执教的王淦昌先生，当时任浙江大学理学院院长。在兵荒马乱、烽火连天的岁月，他们虽然没有走上真正的战场，但他们在学习，在追求科学真理。也正是这些人，成就了撑起共和国脊梁的"两弹一星"。

在技术和科学帮助人们创造和享受现代文明时，还有一个基本要素也极为重要，那就是文化。文化对我们每一个人、每一个学科（包括理工科在内）都非常重要。对科学技术领域而言，我们今天既要颂扬科学，支持技术发展，更要建设我们的学术文化。学科的更好发展，学者更好的发展，一定是建立在科学、技术和文化相互交融的基础之上的。

当然，文化是一个广泛而深远的概念，从科学、技术和文化三个层面来讲，科学可以去学、可以去研究，技术可以去掌握，那么文化怎么办？具体谈到文化和科学、技术之间的关系，精神可以说是一个集中的体现。无论是追求真理、崇尚创新、实事求是的科学精神，还是科学家精神中的胸怀祖国、服务人民、勇攀高峰、敢为人先，或是严谨治学、淡泊名利、潜心研究等，其实也都是文化在以其独特的方式，通过内化于精神，外化于研究治学的风气，熏陶、影响着每一位从事科学和技术工作的人。

可以说，我们的科技事业也正是在科学、技术与文化的交融中不断进步，并继续创造着更美好的未来。

前　言

    不得不钦佩伟大的人类，头脑中闪过的一丝好奇最终竟然变成了认识世界的一个伟大工具，也即由科学和技术组合而成的科技。

    科技的重要性向来毋庸置疑，但它似乎从来没有像现在这样深刻地影响着世界。进入21世纪的第三个十年，科技正在全面而深刻地融入生活、推动社会进程，这种感受清晰而强烈。关于宇宙、生命和量子微观世界等前沿科学的研究进入了更为深入的阶段，人类已经可以探测到引力波——这种宇宙信号微弱得像雷声中的蝉鸣，却能够跨越100多亿光年而来。走出实验室的人工智能则像一个横空出世的科学明星，无所不在、无所不能，甚至算法正在塑造一个新的虚拟世界。大到跨海大桥、大型水电站，小到火星车、5G芯片等，正显示着人类对工程技术的掌握已经是"刚柔并济"。

    对今天的中国来说，科技所展现的力量显而易见。科技支撑起了自立自强，做大做强了中国制造，送来了数字生活和智能生活。放眼未来十年乃至几十年的发展，如果说过去的成就较多依赖于人口红利、资源、策略等，那么如今很多问题都需要从科技中寻找答案。科技创新可以等同地视为科技，而"创新"一词则更多体现的是导向。正因如此，从第一动力到一项国策，从创新驱动发展战略到国家战略支撑，科技创新理所当然担起了多重角色的责任。

    从一个不怎么严肃的角度来说，科技的进步仿佛是沿着科学幻想的脚步，而与此同时，科技前进的坐标又似乎总是沿着正确的方向。因为人们确实看到，一个个新发现出现了，新知识也在循序渐进地更加深入，最典型的一个例子是，随着一代又一代的技术变迁，通信手段确实是变得越来越方便、越来越丰富了。

那么，呼啸而来的科技，尤其是在最近的一个十年周期里，取得了一些什么样的标志性成就，发生了一些什么样的阶段性变化？比如引力波穿越而来在宇宙"蹦床"上引起的涟漪，人们从中能获得对时空的何种认知？本书的内容主要来自于作者从事科技领域报道的十余年间，对该领域的观察和阐发的观点，从科学热点话题、人物、事件等入手，尝试在科学专业人士和公众之间架起桥梁，将有价值的科技信息、科学理念传递给公众，提供一个理解科技创新的视角。

有意思的是，原本按时间序列"散放"的内容，经过有意识的归类，按照"创新活力""探索之心""自立自强""换道赛车""精神高地"的结构设置后，不经意间也形成了对科技创新脉络的粗放把握，体现着这个时间周期中科技的变化和趋势。

科技事业的强盛，与公众科学素养的提升相伴相随，我们现在对科技创新如此关注，理解得更为深刻，也正是源于此。对中国来说，创新是中华民族最鲜明的民族禀赋，我们把创新放在前所未有的重要位置，既是前瞻也是传承，更显示了睿智的抉择。科技的发展依赖于科技的投入和政策的顺利实施，因此也离不开社会的支持和公众的认同。难以想象，一个不相信科学、不理解科技重要性的社会或民族会在现代化的道路上走多远。本书中的个别文章在原来发表的基础上做了少许修订，以求更加完整、准确、全面。如果本书能够在把握创新驱动发展的战略要点、领会科技创新强国建设的重要性方面对公众有所帮助和启发，那就是我极大的荣幸。

余建斌

contents 目录

第一章
创新活力 _ 1

创新

是一个民族进步的灵魂，

是一个国家兴旺发达的不竭动力，

也是中华民族最深沉的民族禀赋

第二章

探索之心_ 53

好奇心是人类与生俱来的天性，

探索自然也是人类长久以来的执着追求

第三章

自立自强_ 89

仰望星空，脚踏实地，

梦想与智慧交织，

中国科技发展的历史就是自立自强的光辉篇章

第四章

换道赛车 _ 165

中国科技紧紧抓住机遇，

打造了自己的优势，

积攒了迈向科技强国的底子和底气

第五章

精神高地 _ 223

伟大事业孕育伟大精神，

伟大精神引领伟大事业

第一章

创新活力

　　创新是一个民族进步的灵魂，是一个国家兴旺发达的不竭动力，也是中华民族最深沉的民族禀赋。在迈向社会主义现代化强国和中华民族伟大复兴的征程上，创新是引领发展的第一动力，必须摆在突出的位置。科技创新在创新中又居核心地位，是重中之重。谁的创新能力强，创新脚步快，谁就能占据"制高点"，勇闯"无人区"。中国科技的自立自强来自于对自主创新的锲而不舍，要实现高水平自立自强更需要依靠高水平的创新，这样才能让科技真正发挥战略支撑和发展驱动作用。

　　创新看似灵感一瞬而至，背后则是千百次的尝试和苦思冥想。创新事业更是一场马拉松，一个复杂而庞大的系统工程。要想涌现更多的创新成果，就需要培育创新的沃土，从创新人才、创新环境、创新条件、创新机制等各个层面厚植积累，从而使得创新的活力充分释放，创新的智慧蓬勃涌动。

自立自强　矢志攻关

科技立则民族立，

科技强则国家强

　　远到天问一号登陆3亿公里外的红色火星，深至"奋斗者"号成功到达万米以下的海底，快似"神威·太湖之光"超级"芯算"，炫如新一代"人造太阳"首次放电……在"两个一百年"奋斗目标的历史交汇点、开启全面建设社会主义现代化国家新征程的重要时刻，回眸历史、关注现实，我国科技实力正在从量的积累迈向质的飞跃、从点的突破迈向系统能力提升，科技创新取得新的历史性成就。

　　在卓越不凡的科技创新历程中，中国人民凝聚了志气，铸就了精神，获得了最为宝贵的经验。实践证明，坚持党对科技事业的全面领导，充分发挥社会主义制度集中力量办大事和新型举国体制的优势，观大势、谋全局、抓根本，形成高效的组织动员体系和统筹协调的科技资源配置模式，我们完全有基础、有底气、有信心、有能力抓住新一轮科技革命和产业变革的机遇，乘势而上，大展宏图。以优秀科学家为代表的广大科技工作者心系祖国和人民，不畏艰难，无私奉献，为科学技术进步、人民生活改善、中华民族发展作出了重大贡献，彰显了以国家民族命运为己任的爱国主义精神和以爱国主义为底色的科学家精神。

　　科技立则民族立，科技强则国家强。党的十九大确立了到2035年跻身创新型国家前列的战略目标，党的十九届五中全会提出了坚持创新在我国现代化建设全局中的核心地位，把科技自立自强作为国家发展的战略支撑。习近平总书记在前不久召开的两院院士大会、中国科协第十次全国代表大会上提出"加快建设科技强国，实现高水平科技自立自强"，更加激发了广大科技工作者的使命感、责任感、紧迫感。

中国科技奋勇争先和跨越式发展，靠的是自立自强、矢志攻关。从"嫦娥五号"实现地外天体采样返回、500米口径球面射电望远镜首次发现毫秒脉冲星，到"雪龙2"号首航南极、散裂中子源等一批具有国际一流水平的重大科技基础设施通过验收，我国基础研究整体实力显著加强，一批重大原创成果喷薄而出，为科技创新事业提供了重要支撑；从北斗卫星导航系统全面开通、空间站天和核心舱成功发射，到世界最强流深地核天体物理加速器成功出束、三代核电技术取得新突破，我国战略高技术领域取得新跨越，积极抢占科技制高点，推动关键核心技术自主可控。一穷二白起家的新中国科技事业，通过独立自主、自力更生，坚持创新这个引领发展的第一动力，正向着更高的科学高峰不断攀登。

创新驱动高质量发展、塑造高品质生活，需要高水平科技自立自强。在科技创新的引领下，前沿技术进入应用，高端产业取得新突破，涌现出C919大飞机准备运营、港珠澳大桥开通营运和5G移动通信技术率先实现规模化应用等标志性成就。在新冠肺炎疫情防控中，先进科技成果在控制传染、病毒溯源、疾病救治、疫苗和药物研发、复工复产等方面提供了有力支撑。从民生科技领域取得显著成效，到打赢脱贫攻坚战，再到助力乡村振兴，科技创新成果和经济社会发展的融合越来越深。我国自主创新事业大有可为，我国广大科技工作者必将有更大作为。

坚持面向世界科技前沿、面向经济主战场、面向国家重大需求、面向人民生命健康，坚持创新在我国现代化建设全局中的核心地位，把科技自立自强作为国家发展的战略支撑，大力弘扬科学家精神，我们一定能够在加快建设科技强国、实现高水平科技自立自强的进程中，不断书写新的篇章。

坚持向科技创新要答案

坚持需求导向和问题导向，
是科技解决方案更精准的前提

最新发布的一份全球报告显示，过去5年，在16个可统计的可持续发展目标领域中，中国在清洁饮水和卫生设施、经济适用的清洁能源以及产业、创新和基础设施等5个领域相关的科研产出居世界第一，15个领域的相关科研论文数量位居全球前十。这份名为《以科研的力量推动联合国可持续发展目标的实现》的报告表明，中国科技界正将目光聚焦发展，积极用科学研究助力破解发展难题、满足发展需求。

目前，科技创新的角色越来越关键，担当的分量越来越重。习近平总书记强调，"在激烈的国际竞争面前，在单边主义、保护主义上升的大背景下，我们必须走出适合国情的创新路子，特别是要把原始创新能力提升摆在更加突出的位置，努力实现更多'从0到1'的突破"。在科学技术现代化的跑道上，我国近年来重大创新成果竞相涌现，科技实力正在从量的积累迈向质的飞跃，从点的突破迈向系统能力提升，为服务民生、造福社会、促进经济发展提供着源源不断的驱动力。今天，在"两个一百年"奋斗目标的历史交汇点上，科学把握新发展阶段，深入贯彻新发展理念，加快构建新发展格局，对加快科技创新提出了更为迫切的要求。可以说，我们比过去任何时候都更加需要科学技术解决方案。

从我国的发展实际来看，科技创新既是一种追求卓越的知识创造活动，也有着非常深厚的现实基础。从部分关键元器件、零部件、原材料依赖进口，到油气勘探开发、新能源技术发展不足，再到人民对健康生活的要求不断提升、生物医药和医疗设备等领域科技发展滞后问题日益凸显……这些体现国家急迫需要和长远需求的实际问题，必须向科技创新要答案。

坚持需求导向和问题导向，是科技解决方案更精准的前提。科学家从国家急迫需要和长远需求出发选择研究方向，才能真正解决实际问题；从我国经济社会发展、民生改善、国防建设面临许多需要解决的现实问题入手，才会更有利于寻找到科研选题和突破口。对广大科学家和科技工作者来说，就是要坚持面向世界科技前沿、面向经济主战场、面向国家重大需求、面向人民生命健康，对能够快速突破、及时解决问题的技术抓紧推进，对属于战略性、需要久久为功的技术提前部署。

增强创新这个第一动力，是科技解决方案更有效的基础。基础研究是科技创新的源头。我国面临的很多"卡脖子"技术问题，根子是基础理论研究跟不上，源头和底层的研究亟待加强。只有持之以恒加强基础研究，才能打好关键核心技术攻坚战，提高创新链整体效能。与此同时，企业作为创新主体，为了打造核心竞争力、占据竞争高地，也需要逐渐向基础研究领域挺进。因此要不断提升企业技术创新能力，强化推进产学研深度融合，支持企业牵头组建创新联合体，承担国家重大科技项目，让高科技企业成为创新重要发源地。

加快科技创新，依靠的是奋战在一线的千千万万科学家和科技工作者及市场主体。改善科技创新生态，激发创新创造活力，给他们搭建施展才华的舞台，创造良好的环境和基础条件，就会让科技创新成果源源不断涌现出来，从而为经济社会发展提供优质有效的科技解决方案。

乘势而上加快科技创新

牢牢把握科技创新这个关键变量，
在全球科技革命和产业变革中赢得主动权

迄今飞行里程超过2亿公里，在距地球约3000万公里之遥完成深空机动，更精确地飞向火星目的地，天问一号火星探测器在茫茫宇宙中熠熠生辉；自主建设、独立运行，全新的北斗高精度定位服务平台，将手机定位精度提高到1.2米，北斗三号全球卫星导航系统全面建成，为全球提供高质量服务……

从大国重器、原始创新，到前沿探索、民生科技，我国科技事业重大创新成果竞相涌现，一些前沿领域开始进入并跑、领跑阶段，科技创新为实现高质量发展和高品质生活提供着蓬勃动能。

当前，全球科技革命和产业变革不断推进，机遇和挑战并存。我国科技实力又处于爬坡过坎的关键阶段，正在从量的积累迈向质的飞跃，从点的突破迈向系统能力提升。无论是坚持办好自己的事，还是参与激烈的国际竞争，都亟须坚持创新这个引领发展的第一动力，牢牢把握科技创新这个关键变量，把握机遇，乘势而上，向着更高的科学高峰攀登，从而在全球科技革命和产业变革中赢得主动权。

加快科技创新，要坚持需求导向和问题导向。解决经济社会发展和民生改善的现实问题，比过去任何时候都更加需要科学技术解决方案。部分关键元器件、零部件、原材料依赖进口；油气勘探开发、新能源技术发展不足；人民对健康生活的要求不断提升，生物医药、医疗设备等领域科技发展滞后问题日益凸显……这些体现国家急迫需要和长远需求的实际问题，必须向科技创新要答案。解决这些问题的过程中，一方面需要科技力量挺身而出；另一方面，也会给创新提供科研选题、技术攻关的"题库"和舞台，牵引新突破和技术进步。

加快科技创新，尤其要下好先手棋。棋争一着先，在激烈的国际竞争面前，走出适合国情的创新路子，必须把提升原始创新能力摆在更加突出的位置，努力实现更多"从0到1"的突破；解决"卡脖子"技术问题，要把源头和底层的东西搞清楚，持之以恒地加强基础研究。以量子科技为例，在总体科技实力和创新能力已经具备但不少短板仍存在的局面下，就要坚定不移走自主创新道路，瞄准基础理论研究和关键核心技术的突破，超前布局、及早攻关，取得一批高水平原创成果，从而抢占国际竞争制高点，构筑发展新优势。

科学探索没有坦途，科技创新没有终点。充分释放创新人才队伍的巨大潜能和创新创造活力，充分调动各方面积极性、主动性、创造性，牢牢抓住战略机遇，坚持创新驱动发展，科技创新成果将源源不断地涌现，科技创新的天地会更加宽广。

《人民日报》2020年11月2日第19版

夯实科技自立自强的基础

专注源头创新的基础研究，

能为科技自立自强打下坚实的基础

在安徽合肥，涌现出"九章"量子计算原型机、世界最紧凑型超导回旋质子加速器等一批重大基础性、原创性成果，大科学装置释放的原始创新动力源源不断，科学和技术溢出效益巨大。大科学装置专为基础研究服务，发挥着原始创新"策源地"的作用。长期以来对基础研究的重视，为合肥这座城市带来了厚积薄发的奔跑后劲。

2020年12月，中央经济工作会议提出，要抓紧制定实施基础研究十年行动方案，重点布局一批基础学科研究中心，支持有条件的地方建设国际和区域科技创新中心。这一要求，强调了基础研究的重要性。抓基础研究，须及早落子，尽快布局。

科技自立自强要解决从无到有、从大到强的问题，专注源头创新的基础研究，能为科技自立自强打下坚实的基础。利用量子科学原理，我国科学家构建了76个光子的量子计算原型机"九章"，取得世界级突破，意味着获得了量子计算领域发展的"优先权"；被称作"人造小太阳"的大科学装置——全超导托卡马克，10多年来性能不断提升，使得我国核聚变堆的基础研究走入世界前列，成为全球大科学项目国际热核聚变实验堆计划的中坚力量……这些重大成果都是科技自立自强的典范。让科技立起来、强起来，就要投入更多资源，不断培植基础科研的厚度。

当前，基础科学"先手棋"效应越发增强，在科技竞争中的地位越来越凸显。随着科学研究范式发生深刻变革，学科进一步交叉融合，基础科学的一些成果在持续产生人类新知识的同时转化为应用型科技，解决实际问题的周期越来越短。对生命结构和过程的认识，可以应用到创新药的研制上；对物质结构和功能的了解，很可能促使制造出一种新材料；5G的研发，建立在数学理论的灵感之上；卫星定位系统的定位精度与相对论的修正密不可分……基础科学研究的"无用之用"角色正不断拓展。

加强基础研究，为科技自立自强打桩筑底，需要双管齐下。既要发挥好重要科研院所和高校的"国家队"作用，也要激发企业投入基础研究的主动性，抢占攻关核心技术的制高点，形成竞争优势的"护城河"。比如，目前全球多个大型科技公司的内部实验室正在抓紧研发量子计算机，为下一代信息技术和产业的突破赢取话语权和主动权。无论是勇闯"无人区"的前瞻性基础研究，还是通过在重大应用研究中探索科学规律，基础研究都可以充分发挥多种创新主体和联合体的作用，形成强大攻关合力，实现重大突破。

和应用创新不同，基础研究不可能一蹴而就，更像跑一场"科学马拉松"。只要认准基础研究的重大效用，把握目标，夯实能力，就能使之真正成为科技创新之源、创新驱动发展的重要引擎，从而为科技自立自强奠定更加坚实的基础。

《人民日报》2021年1月18日第19版

坚定不移走中国特色自主创新道路

無論是努力实现更多"从 0 到 1"的突破，还是勇于
挑战最前沿的科学问题，或是下好先手棋、打好主动仗，
都需要进一步增强创新自信，坚定敢为天下先的志向

前不久召开的 2020 年度国家科学技术奖励大会上，一批批在科技创新事业中作出突出贡献的科技人物、科研团队登上国家科技最高领奖台，一个个科技工作者用汗水和心血辛勤浇灌出的创新成果赢得国家奖励。科学大师和重大成果相互映照，折射出中国科技发展的不凡成绩，也进一步坚定了加快实现高水平科技自立自强的创新自信。

习近平总书记强调："创新是一个民族进步的灵魂，是一个国家兴旺发达的不竭动力，也是中华民族最深沉的民族禀赋。"每一次国家科技奖励表彰，都记录着中国创新扎实的脚印，也用实践印证了创新是引领发展的第一动力，高水平科技自立自强是国家发展的战略支撑。"十三五"时期，我国科技事业加快发展，创新能力大幅提升，在基础前沿、战略高技术、民生科技等领域取得一批重大科技成果。这是在以习近平同志为核心的党中央坚强领导下，全党全国特别是广大科技工作者共同奋斗的结果。有强大的制度优势，有持续壮大的科技人才队伍，有科技实力和创新能力的显著提升，我们的创新底气更加充足，创新自信更加坚定，迸发出的创新动能将更加澎湃强劲。

坚定不移走中国特色自主创新道路，要有强烈的创新自信。无

论是努力实现更多"从0到1"的突破，还是勇于挑战最前沿的科学问题，或是下好先手棋、打好主动仗，都需要进一步增强创新自信，坚定敢为天下先的志向，既不妄自菲薄，也不妄自尊大，勇于攻坚克难、追求卓越、赢得胜利，积极抢占科技竞争和未来发展制高点。"嫦娥五号"实现地外天体采样返回，500米口径球面射电望远镜首次发现毫秒脉冲星，北斗卫星导航系统全面开通，"奋斗者"号深潜万米……这些在自主创新中涌现的重大科技成果，蕴含着创新的智慧和活力，也凝结着创新的自信和志气。强大的信心和决心，引领广大科技工作者继续在中国特色自主创新道路上实现更大跨越。

坚定不移走中国特色自主创新道路，要强化创新驱动，以更大力度、更实举措加快实现高水平科技自立自强。比如，加强基础研究是高水平科技自立自强的必然要求，是我们从未知到已知、从不确定性到确定性的必然选择。我们必须加强原创性、引领性科技攻关，坚决打赢关键核心技术攻坚战。创新不问出身，英雄不论出处。通过改革重大科技项目立项和组织管理方式，实行"揭榜挂帅""赛马"等制度，做到不论资历、不设门槛，这有利于让有真才实学的科技人员英雄有用武之地。

在参观国家"十三五"科技创新成就展时，习近平总书记强调："当前，我国已经开启全面建设社会主义现代化国家新征程，科技创新在党和国家发展全局中具有十分重要的地位和作用。"千帆竞发，勇进者胜。在加快实现高水平科技自立自强、建设世界科技强国的征程上，广大科技工作者面向世界科技前沿、面向经济主战场、面向国家重大需求、面向人民生命健康，坚定创新自信，紧抓创新机遇，勇攀科技高峰，破解发展难题，将不断推动科技创新这艘航船乘风破浪、奋勇向前。

有核心技术才有主动权

关键核心技术是国之重器，
关系到经济高质量发展和国家安全

24小时内连续完成两次发射，将第三十二颗北斗导航卫星和两颗巴基斯坦卫星分别成功送入太空轨道——这是近期中国航天让人点赞的画面。今年以来，长征火箭顺利完成20次发射，反映出我国航天已很好适应了高密度、高强度发射。航天是典型的高技术领域，中国航天能够呈现这样的好状态，离不开对关键核心技术和自主创新的执着。

关键核心技术是国之重器，关系到经济高质量发展和国家安全。关键核心技术要不来、买不来、讨不来。只有切实提高我国关键核心技术创新能力，才能把科技发展主动权牢牢掌握在自己手里，为我国发展提供有力科技保障。从杂交水稻夯实粮食安全之基，到北斗成为全球四大卫星导航系统之一，再到核电、高铁成为"中国名片"，我国科技事业实现了历史性、整体性、格局性重大变化，科技创新能力显著提升，成为全球创新版图中日益重要的一极。但也应清醒地看到，我国科技发展水平，特别是关键核心技术创新能力同国际先进水平相比还有很大差距，在一些尖端领域还在"从大到强"的路上，"硬科技"还不够多，亟须按照需求导向、问题导向、目标导向提升技术创新能力，加强基础研究，努力取得重大原创性突破。

突破关键核心技术，我们有足够的信心。实践证明，只要我们充分发挥社会主义市场经济的独特作用，充分发挥我国社会主义制度优势，充分发挥科学家和企业家的创新主体作用，就能攻坚克难、迎头赶上、缩小差距。攻克关键核心技术，我们也有清晰的发展路径和规划。近年来，科技体制改革不断深化，正在形成更有针对性的科技创新系统布局和创新平台系统安排。未来，科研项目管理流程会不断精简，科研单位和科研人员将拥有更多自主权，科学分类、合理多元的评价体系也将进一步完善，这些都将为关键核心技术突破添加活跃因子。

突破关键核心技术，关键在于有效发挥人的积极性。一方面，要发挥科技工作者的科研主导作用，树立坚定自信、潜心研究的良好精神面貌，努力做出更多有价值的原创性成果；另一方面，还要有一批熟悉科技、擅长组织科技工作的干部，做科研人员的知心人，和他们一道努力，形成推动攻克关键核心技术的强大合力。孙家栋院士曾讲过一个感人至深的故事："两弹一星"艰苦创业期间，一批政工干部为组建航天队伍起了重大作用，他们和科学家一起把队伍拉了起来，组织年轻科技人员努力工作。聂荣臻同志给科技人员送来黄豆，这些政工干部连一粒也没动过。政工干部和科技人员的共同配合成为"两弹一星"成功的重要保证。

创新的深层次突破并非朝夕可待，但又需要只争朝夕的精神。只要保持清醒认识，锚定内心追求，切实增强紧迫感和危机感，通过科学合理的规划、扎扎实实的努力，就一定能在自主创新的浪潮中迎来关键核心技术的厚积薄发，将科技发展主动权牢牢掌握在自己手里。

《人民日报》2018 年 7 月 23 日第 18 版

让科技创新和实体经济融得更深

科技创新对实体经济的支撑和赋能，
将进入更深层次、更广范围

2021年政府工作报告提出，依靠创新推动实体经济高质量发展，培育壮大新动能。促进科技创新与实体经济深度融合，更好发挥创新驱动发展作用。放眼"十四五"规划和2035年远景目标，创新发展成为重中之重。尤其是科技创新对实体经济的支撑和赋能，将进入更深层次、更广范围，两者的深度融合，将全方位推动科技成果进入经济社会主战场，进一步形成澎湃有力的高质量发展"新动能"。

近年来，不断跃升的科技能力持续为实体经济创造着新增量和新空间。从引领移动通信、核电等重点产业跨越发展，到推动集成电路、5G、新能源、新材料、高端装备、人工智能、绿色环保等新兴战略性产业的发展壮大，科技实力和创新能力的大幅提升，强化着对实体经济高质量发展的战略支撑。北斗导航卫星全球组网，新能源汽车、人工智能等加快应用，高新技术企业突破20万家，北京、上海、粤港澳国际科技创新中心及21家自创区和169家高新区等推动形成一批创新增长点、增长带、增长极……这些都凸显出科技进步所产生的巨大驱动作用。

促进科技创新和实体经济深度融合，既是立足发展的"刚需"，也是着眼长远的大计。我国经济社会发展对科技的需求从来没有像今天这样重要而迫切，无论是向科学技术要解决方案还是要答案，都反映出科技创新这个关键变量的重要性。与此同时，科技对经济社会发展的支撑还不到位，存在一些短板和弱项，包括创新能力还不能满足高质量发展的要求，关键核心技术还不能完全自主，基础研究、原创性研究比较薄弱；高质量科技成果供给的能力还不够高，对产业链、供应链的支撑能力不够，企业的创新能力仍有待提高等。面向"十四五"，围绕推动高质量发展、构建新发展格局，要把发展经济着力点放在实体经济上，就必须让创新要素充分流淌在经济和产业各个环节，引发深层次的"化学反应"。

科技创新和实体经济的深度融合，离不开高水平的科技自立自强。补上重点领域的技术短板，离不开关键核心技术的突破；传统产业的数字化改造和智能化水平提升，离不开数字技术的蓬勃发展……为此，要打好关键核心技术攻坚战，完善共性基础技术供应体系，特别是要加快健全以企业为主体的创新体系，鼓励企业加大投入，催生更多原创性、颠覆性的技术。

值得一提的是，当前面临的一些"卡脖子"技术问题，根子还是基础理论研究跟不上，源头和底层的东西没有搞清楚。为此，需要系统推进基础研究和攻关，下更大力气开展目标导向的应用基础研究，解决生产实践中的科学问题，进一步增强科技创新的底蕴和后劲，从而更有力地创造新技术、催生新产业、壮大新经济。

以科技创新推动实体经济实现高质量发展，要在提升产业链创新能力上下功夫。自主、完整并富有韧性和弹性的产业链供应链，是经济平稳增长的重要保障。一方面，要围绕产业链部署创新链，围绕创新链布局产业链，以科技创新保障产业链供应链安全稳定和自主可控；另一方面，也要围绕推进产业基础高级化、产业链现代化来"强链"和"补链"，进一步鼓励企业组建创新联合体，协同攻关、大力创新，使得产业链供应链创新力更强、附加值更高，从而培育壮大包含高新技术产业集群在内的发展新动能。

　　新征程已启航，展望未来五年乃至更长时期发展的宏伟蓝图，只要充分发挥创新这个第一动力的引领作用，持续提升科技创新对实体经济的有效供给，就能有力支撑起产业强、经济强和国家强的发展道路。

人民网，2021 年 3 月 12 日

让科技精准对接民生需求

科技成果要围绕老百姓最关心、最直接的问题去发力，
为需所用，用到实处

近日，互联网免费上网平台 Wi-Fi 万能钥匙启动"同舟计划"，
投入巨大的流量资源，帮助中小商户打通与消费者之间的连接渠道。
此计划通过把商户精准推送给消费者，并有效转化为线下门店的实
际客流和销售，让这些"小店"的人气更旺、烟火气更浓。

发展小店经济有助于促进就业、扩大消费，对提升经济活力、
服务改善民生、满足人民对美好生活的向往等具有重要意义。为促
进小店经济健康繁荣发展，今年 7 月，商务部等 7 部门联合印发通
知，将加快小店便民化、特色化、数字化发展作为主线。其中，在
减税降费、金融支持、优化营商环境等种种"赋能"小店的政策举
措中，发挥数字科技的撬动作用，无疑是重要一招。类似 Wi-Fi 万能
钥匙这样利用自身核心资源与技术能力，用线上流量助力线下业务
创新的方式，正是发挥互联网科技的特点，来有效匹配民生需求和
供给。

惠及民生向来是科技创新的重要目的，这在疫情防控期间更加
凸显。以大数据为底层技术的健康码，成为人们日常生活和出行的
"放心码"；无人机配备北斗高精度定位导航，高效执行喷药消毒、
应急物资运输投送任务；全新人工智能诊断技术辅助医生快速、准
确判读 CT 影像；宽带网络基础设施和云计算平台，不断吞吐着海量
数据，支撑几亿人同上网课……科技竭尽所能帮助人们在与病毒的

较量中胜出；与此同时，由应对疫情所催热的在线教育、远程办公等新业态、新模式，将依托人工智能和大数据等新技术进一步发展，逐渐成为人们生活中的"常备品"。这也充分体现了包括数字技术在内的科技成果服务民生的潜力。

进一步有效发挥科技惠民生作用，重在精准"对接"。民生领域十分广泛，从脱贫攻坚、防灾减灾，到教育医疗、柴米油盐，几乎无所不包。一方面，科技成果要围绕老百姓最关心、最直接的问题去发力，为需所用，用到实处；另一方面，还要防止科技的"大水漫灌"。面对需求，是利用前沿科技还是采用成熟可靠的现有技术去满足，要根据实际需求，因地制宜、有的放矢，实现低成本、高效率解决问题的目标。以小店数字化为例，并不一定需要这些中小商户另起炉灶，也可以借助互联网平台所提供的数字工具，实现数字化转型，赢得发展红利。

从实践看，服务民生也为科技的发展和应用创造了巨大舞台和机遇。从互联网无障碍技术便利视障人士，到脑机接口技术帮助患者恢复训练，再到智能机器人护理老人……丰富的应用场景不断推动着技术自身去探索和创新。而随着需求和技术进步形成良性循环，二者的融合就能创造出巨大的社会价值，涌现出更多的科技创造美好生活的场景。

《人民日报》2020 年 8 月 24 日第 19 版

以新型举国体制助力重大科技创新

无论是应对事关国家安全和发展、
事关社会大局稳定的重大风险挑战，
还是在激烈的科技创新竞争中抢占制高点、掌握主动权，
始终离不开关键核心技术的强力支撑

不久前，新冠肺炎国内首批疫苗开启临床试验，108名志愿者分组进行注射。疫情发生以来，从获得病毒全基因组序列并快速分离出新冠病毒毒株，到迅速推出多种检测试剂产品；从筛选一批有效药物和治疗方案并推荐到临床一线用于救治，到采取多条技术路线并行推进疫苗研发……全国范围内跨学科、跨领域的科研团队迅速行动起来，加紧攻关，取得了重大突破，为抗击疫情贡献了巨大力量。

同疾病较量，最有力的武器就是科学技术；战胜大灾大疫，离不开科学发展和技术创新。然而，攻克新冠病毒，需要组织跨学科、跨领域的科研团队，科研、临床、防控一线相互协同，产学研各方紧密配合，这是一个涉及面广、要求高、难度大的系统工程。如何使这一系统工程取得最优成效？发挥新型举国体制优势十分关键。战疫打响之际，由政府、高校、科研机构、科技企业等共同组成的战疫团队，发扬拼搏奉献的优良作风、严谨求实的专业精神，快速响应、多招制敌，既显示了这个领域关键核心技术的储备实力和科技长期积累的厚实底蕴，也凸显出我们国家集中力量办大事的制度优势。

实践证明，无论是应对事关国家安全和发展、事关社会大局稳定的重大风险挑战，还是在激烈的科技创新竞争中抢占制高点、掌握主动权，始终离不开关键核心技术的强力支撑。但是，"关键核心技术是要不来、买不来、讨不来的"，最终还是要靠自己。从"两弹一星"的举世瞩目，到航空航天等领域的集中攻关，新中国成立70多年来的科技成就表明，关键核心技术的研发涉及多种资源的协调、多条线路的协同和多个团队的创新，往往需要政府和科技部门的有效组织和引导，特别是在打造"国之重器"时，甚至需要倾注举国之力。放眼未来，不论是加快提高疫病防控和公共卫生领域战略科技力量和战略储备能力，还是完善"平战结合"的疫病防控和公共卫生科研攻关体系，都更加需要我们不断用好和完善新型举国体制这个独特优势。

完善关键核心技术攻关的新型举国体制，深化科技体制改革是题中应有之义。既要加大协同创新力度，充分发挥社会主义制度优越性；也要通过市场的决定性作用来优化资源配置，使举国体制更加科学、集约、有效。要达成这一目的，就需更好地处理政府和市场的关系，让更多的创新要素向企业集聚，激发市场主体的创新活力；让一代代创新的主力军不再被"束手束脚"，以人才"第一资源"支撑引领高质量发展；让创新大门打得更开，积极主动用好全球创新资源……破除束缚创新的利益藩篱、机制壁垒，我们的自主研发能力和核心技术会更加强健，也更经得起风雨考验。

创新的种子已经播撒，创新的激情正在升腾，创新的中国风华正茂。只争朝夕，不负韶华，发挥市场经济条件下新型举国体制优势，既着眼当前加大急需攻关技术科研力度，又放眼长远加强战略谋划和前瞻布局，我们一定能突破核心技术的瓶颈，掌握更多具有自主知识产权的核心科技，拿出更多"硬核"产品，助力国家发展。

解开一切束缚科技创新的绳索

尊重科学研究的规律性，尊重科研人员的主观能动性，
尊重他们的劳动付出，对他们给予充分信任

"推行'材料一次报送'制度""开展'唯论文、唯职称、唯学历'问题集中清理""实行科研项目绩效分类评价"……近日，国务院印发的《关于优化科研管理提升科研绩效若干措施的通知》，在科技界引发热烈反响。

一段时间以来，"论文数数""打酱油的钱不能用来买醋""科学家被逼当会计"和"给人才贴上'永久牌'标签"等问题，一直困扰着科研人员。这次出台的相关政策措施，为的正是让科研人员在经费使用上拥有更大自主权、得到更科学的人才评价和绩效评价、获得更合理的激励和回报，既精准对焦，也具有可操作性。这充分反映了党和国家进一步减轻科研人员负担、充分释放创新活力、调动科研人员积极性的决心。

人是科技创新最关键的因素。硬实力、软实力，归根到底要靠人才实力。"两弹一星"的艰苦创业时期，正是在钱学森、朱光亚、郭永怀等一批科学家的带领下，广大科技人员自力更生、攻坚克难，铸就了举世瞩目的"大国重器"。一代又一代科技人员的接续努力，让我国科技事业收获了巨大发展和长足进步，既有基础研究的原始突破，也有"揽月探海入地"的高科技创新，航天、高铁、互联网等产业也在世界上占据一席之地。目前，我国科技人力资源总量已超过7000万，研发人员超过500万，堪称世界上规模最大的智力储备。

充分激发这支队伍的创新活力，用好人才这个科技创新的最大资源，我们创新发展的基础会更加坚实，创新驱动的动力将更加澎湃。

突破关键核心技术，最重要的是发挥人的积极性主动性。"不能让繁文缛节把科学家的手脚捆死了，不能让无穷的报表和审批把科学家的精力耽误了！"无论是两年前的全国"科技三会"，还是今年的两院院士大会，习近平总书记每次提到尊重科技工作者、重视科技人才培养，都赢得全场科技人员的持久掌声，引发广大科技工作者强烈共鸣。事实上，不管是"放权"还是"放钱"，根本出发点都在于尊重科学研究的规律性，尊重科研人员的主观能动性，尊重他们的劳动付出，对他们给予充分信任。

"放"不意味着"放任"，"管"不应该是"管死"。科研管理好比科技事业这个大系统内部的基础管理软件，它的作用是打造一个良好的系统环境，为应用软件使用资源进行高效率调配，从而让整个系统稳定而充分运转。因此，只有赋予科研人员和科研单位更大科研自主权，强化成果导向，真正健全以创新质量和贡献为导向的绩效评价体系，不将人才"帽子"同物质利益直接挂钩，实行科研项目绩效分类评价、减少对科研活动的审计和财务检查频次等一系列具体措施，建立完善以信任为前提的科研管理机制，才能真正激发各类人才创新活力，培养和造就一大批一流创新人才和一流科学家，改变当前高水平创新人才仍然不足，特别是科技领军人才匮乏的现状。

优化科研管理、提升科研绩效若干措施的出台，体现了科技领域"放管服"改革要求，映照着科技体制改革的深化。试点工作的启动与推广，相关机制的建立与完善，必将进一步激励广大科研人员敬业报国、潜心研究、攻坚克难，以更多高水平成果助力创新型国家建设。

赋权减负，激发创新活力

创造条件让科研人员充分发挥主体作用，
才能最大限度释放创新活力

科学技术是第一生产力，创新是引领发展的第一动力。当前，科学技术越来越成为推动经济社会发展的主要力量，创新驱动是大势所趋。

前不久，科技部、教育部、财政部等六部门联合印发了《关于扩大高校和科研院所科研相关自主权的若干意见》（以下简称《意见》），目标十分明确，就是为了进一步完善相关制度体系，推动扩大高校和科研院所科研领域自主权，全面增强创新活力，提升创新绩效，增加科技成果供给，支撑经济社会高质量发展。

针对科研活动全流程各环节，《意见》提出了更系统、更明确、更具可操作性的举措。从赋予创新领军人才更大科研自主权，使之自主调整研究方案和技术路线、自主组织科研团队，到切实下放职称评审权限、强化绩效工资对科技创新的激励作用，再到项目实施期间实行"里程碑"式管理、取消职务科技成果资产评估、备案管理程序……一系列务实举措，体现了为科研人员减负赋能的诚意和决心。事实证明，在深化科技体制改革的过程中，符合科技发展规律和要求的科研管理制度正不断完善；随着"人财物"的自主权被进一步赋予科研人员，长久以来阻碍科技进步的"重物轻人"观念正被有力扫除。

"世上一切事物中人是最可宝贵的，一切创新成果都是人做出来的。"科技创新本质上是人的创造性活动。高校和科研院所的科研人员从事探索性、创造性科学研究活动，具有知识和人才独特优势。

正因如此，高校和科研院所的科研相关自主权改革备受重视。近年来，一系列聚焦完善科研管理、提升科研绩效、推进成果转化、优化分配机制等方面的政策陆续出台，为高校和科研院所科研人员有效减负，增强了他们的获得感和成就感，受到广大科技工作者的拥护和欢迎。政策红利的进一步传导、创新活力的进一步释放，为实施创新驱动发展战略注入了更加充沛的动力。

进一步推动扩大高校和科研院所科研相关自主权，还有待改革举措的深入落实，加大人员和岗位管理、科技成果资产管理、绩效工资分配等方面的改革力度。以科研经费使用为例，目前依然存在一些如手续烦琐和过细等问题，不少科研人员仍在为劳务费明细、自驾调研的汽油费发票发愁，许多原本可用在科研上的时间和精力仍花在填表格、当"会计"上。正如一位大学校长所说，让科研经费真正成为创新"助推器"而不是"减速带"，迫切需要改革和创新科研经费使用及管理方式。包括经费使用在内的高校和科研院所自主权进一步扩大，正是为了遵循科研活动、人才成长、成果转化规律，以最大限度减少政府部门对高校和科研院所内部事务的微观管理和直接干预。不让繁文缛节把科研人员的手脚捆死，不让无穷的报表和审批耗费科研人员的精力，创造条件让科研人员充分发挥主体作用，才能最大限度释放创新活力。

从"管"到"放"，不是放任不管，而是坚持简政放权与加强监管相结合。实践中，既要突出创新、结果和实绩导向，对高校和科研院所实行中长期绩效管理和评价考核，也要有效规范自主权运行，确保自主权接得住、用得好。越是重大利好的政策，越贵在做细做实。不务虚功、突出实效，确保自主权政策落实到科研一线，必将有效增强高校和科研院所的创新活力和服务经济社会发展的能力，激励更多科技人才勇闯科研"无人区"，为建设创新型国家和世界科技强国提供有力支撑。

《人民日报》2019 年 10 月 11 日第 5 版

发挥科技奖励的激发效应

增强"创新"这个第一动力，
推进科学技术助力经济社会发展和民生改善

科技奖励由推荐制调整为提名制，进一步完善评审职责、评审标准、评审程序等制度，进一步加强科技奖励诚信体系建设、加大对科技奖励的监督惩戒力度……修订后的《国家科学技术奖励条例》将于今年12月1日起施行。这是进一步改革和完善科技奖励制度的成果，也是深化科技体制改革的重要举措。

科技奖励制度是党和国家为激励自主创新、激发人才活力、营造良好创新环境采取的重要举措，目标是奖励在科学技术进步活动中作出突出贡献的个人、组织，赋予他们科技领域的国家荣誉。现行条例的修订，通过将深化科技奖励制度改革的有关举措、科技奖励实践中探索的做法和经验上升为法律规范，进一步完善科技奖励制度，同时也将有效解决实践中出现的一些新情况、新问题，更加有效地调动广大科技工作者的积极性和创造性，深入推进创新驱动发展战略实施。尤其是在我国发展面临的国内外环境发生深刻复杂变化，"十四五"时期以及更长时期的发展对加快科技创新提出更为迫切要求的情况下，科技奖励制度发挥良好的激发效应，有助于增强"创新"这个第一动力，推进科学技术助力经济社会发展和民生改善。

科技奖励重在导向。人才是创新活动中最活跃、最积极的因素，我国的科技队伍蕴藏着巨大创新潜能，关键是要通过深化科技体制改革把这一潜能有效释放出来。近几年，国家科技奖励精简奖项、精选评委、精细评审，获奖项目质量和水平逐年提高，权威性和公信力不断增强，但仍存在与当前实际情况和发展要求不相适应的现象。此次条例的修订，将提名制上升到法规层面，强化奖励的学术性，防止权力"越位"，以及进一步明确评审活动坚持公开、公平、公正的原则等，都体现了对国家科学技术奖的公正性、严肃性、权威性和荣誉性的维护，树立了积极导向，让那些潜心研究、学有所长、勇于超越的科技工作者收获荣誉、鼓足干劲。

制度生效贵在落实。针对目前科技奖励制度存在的问题，即将施行的条例加大了对科技奖励的监督惩戒力度，并有具体而明确的措施，包括：评审办法、奖励总数、奖励结果等信息应当向社会公布，"一票否决"违反伦理道德或者科研不端等行为的个人、组织，以及建立科研诚信严重失信行为数据库等。只有将这些制度化的举措真正落实到位，强化监督管理，对跑奖要奖、科研不端等违规人员追责到底，才能促进科技奖励健康发展，助力营造潜心研究、追求卓越、风清气正的科研环境，激发科技工作者的创新内生动力。

党的十九届五中全会提出，坚持创新在我国现代化建设全局中的核心地位，把科技自立自强作为国家发展的战略支撑。强化国家战略科技力量，离不开激发人才创新活力和完善科技创新体制机制。科技奖励制度的不断完善，将为提升我国科技创新能力、加快建设创新型国家和世界科技强国提供有力的制度保障。

《人民日报》2020 年 11 月 18 日 第 7 版

引才聚才 　为科技爬坡添底气

人是最具创新活力的因素，
创新驱动的实质是人才驱动

功以才成，业由才广。人才是创新的根基，创新驱动实质上是人才驱动。面对新一轮科技革命和产业变革，谁拥有一流的创新人才，谁就拥有了科技创新的优势和主导权。

习近平总书记指出："我国要建设世界科技强国，关键是要建设一支规模宏大、结构合理、素质优良的创新人才队伍，激发各类人才创新活力和潜力。"当前，从国家多部门联合实施"减轻科研人员负担七项行动"并取得阶段性成效，到媒体呼吁根除我国科技领域中的"重物轻人"观念，再到企业高薪揽才被广泛认同，科技创新人才的话题日益受到关注。前不久，华为公司对8名2019届顶尖学生实行年薪制、给予高薪，就引发了舆论热议。这从一个侧面反映出，重视科技创新人才已成为社会共识。

人才是第一资源，创新是第一动力。硬实力、软实力，归根结底要靠人才实力。新中国成立70年来，我国科学论文成果、发明专利、技术成果等科技产出持续增长，整体科技实力不断增强，为经济社会发展注入强大动力。在钱学森、朱光亚、邓稼先、王选等科学家带领下，广大科技工作者挥洒聪明才智、付出艰辛努力，推动我国科技实现了从"一穷二白"到"在世界高科技领域占有一席之地"的跨越，开创了"跟跑、并跑、领跑"并存的局面。今天，我国科技人才队伍建设取得长足进步，人才培养和科技事业相互成就。

统计表明，中国研发人员总数已连续6年稳居世界第一位。雄厚的智力储备，成为实施创新驱动发展战略、推动高质量发展的宝贵资源，也是中国科技爬坡过坎再上新台阶的重要底气。

人是最具创新活力的因素，创新驱动的实质是人才驱动。进入信息时代，人才的作用更加突出。现实中，企业不惜成本高薪揽才，科研机构努力为科学家心无旁骛地做科研创造条件，这些既体现对人才的重视，也是追求高质量人才的必选项。但也应看到，面对我国经济高质量发展和科技事业发展的新形势、新要求，与快速发展的高水平科研活动相比，我国科技创新人才培养依然存在薄弱环节，特别是结构性人才缺口明显。这就需要我们注重人才结构，进一步将研发人员的数量优势升级转化为质量优势。

打造高质量人才队伍，还应尊重人才成长规律。从根本上破除"重物轻人"等制约科技创新的思想障碍和制度藩篱，全面深化科技体制改革，解决人才队伍结构性矛盾，进一步为科研人员减负松绑，才能有效激发创新的积极性和活力。充分尊重人才创新创造的价值，建立起面向科研人员的合理激励机制，更多以市场机制来体现人才价值，才能让人在科研活动中的分量重起来、人本身的价值也跟着"重"起来，从而切实提升科技事业对优秀科研人才的吸引力。

科技史表明，谁拥有了一流创新人才、拥有了一流科学家，谁就能在科技创新中占据优势。今天，办好自己的事情，提升科技实力，应对全球科技竞争与挑战，亟待建设一支高质量人才队伍。更加充分尊重人才价值，最大限度地发挥人才作用，我们就一定能形成天下英才聚神州、万类霜天竞自由的创新局面，为高质量发展提供不息的澎湃动能。

《人民日报》2019年8月2日第5版

充分发挥青年科技人才作用

要让青年骨干打头阵、当先锋，

在关键岗位上和重大项目攻关中

经风雨、见世面、壮筋骨、长才干

在神舟十三号载人飞行任务中，北京航天飞行控制中心的"北京明白"继神舟十二号任务后再次迎来网友纷纷点赞。年轻的总调度员高健，在岗位上用清脆的指令、沉稳的"北京明白！"回答，保障航天发射信息交互畅通，确保航天员能在太空随时随地与地面联系。这个由9名"90后"组成的"北京明白"团队，让人看到了航天人青春的样貌、蓬勃的活力。

在中国航天科技集团有限公司的科技人才队伍中，35岁及以下的占52.5%，45岁及以下的占83.1%。中国航天能够取得举世瞩目的成就，与拥有这样一群敢打敢拼敢创新的年轻科技人才队伍分不开。在各行各业，一张张年轻、朝气蓬勃的面孔，可以说是行业发展的最大"红利"。从跨越星辰大海到探索未知奥秘，从科学实验室到企业研发中心，年轻人才群体已在各个领域开始担当、有所作为：有"95后"青年学者当上高校博导，也有年轻的程序员、年轻的"大国工匠"让人叹服……

人们对青年人才的精彩表现赞叹，既是看到当下，也是着眼未来。人才的厚度决定了科学探索的高度，赢得青年就能赢得未来。当前，我们比历史上任何时期都更加渴求人才，要实现高水平科技自立自强，更加离不开具备竞争优势的人才。到2025年，在关键核心技术领域拥有一大批战略科技人才、一流科技领军人才和创新团队；到2030年，在主要科技领域有一批领跑者，在新兴前沿交叉领域有一批开拓者；到2035年，国家战略科技力量和高水平人才队伍位居世界前列……要实现这些目标，就必须造就规模宏大的青年科技人才队伍，把培育国家战略人才力量的政策重心放在青年科技人才上，支持青年人才挑大梁、当主角。

让优秀青年人才脱颖而出，就要不拘一格放手使用。有舞台才有展示，压担子才善承重。就是要让青年骨干打头阵、当先锋，在关键岗位上和重大项目攻关中经风雨、见世面、壮筋骨、长才干。尤其是对年轻的帅才苗子，要打破论资排辈，促其快速成长。例如，嫦娥三号探测器总设计师孙泽洲、中国空间站系统总指挥王翔和万米载人潜水器"奋斗者"号总设计师叶聪，都是40岁不到就挑起大梁，现已成长为各自领域的帅才。有传承才能更好地接续奋斗，在社会高度关注的航天领域，正是老一辈航天专家言传身教和"传帮带"的人才培养模式，为新一代青年人才传授知识、分享经验、淬炼信念提供环境，从而造就了一支年轻又有才干的航天人才队伍，成为中国航天未来最可依赖的力量。

托举年轻人才的腾飞，需要真抓实干、真金白银。值得欣喜的是，科技部最近公布，在首批启动的"十四五"国家重点研发计划重点专项中，有43个专项设立青年科学家项目，约占80%，2021年拟有230多个青年科学家团队获得支持。而且，在这些专项中设立了"揭榜挂帅"项目，榜单申报"不设门槛"，对揭榜团队负责人无年龄、学历和职称要求，真正体现创新不问出身、英雄不论出处。高度重视青年科技人才成长，给年轻人创造更多的机会，进一步扩大对青年科学家的支持范围和力度，他们将很快成为科技创新主力军，坚定创新自信，紧抓创新机遇，为实现高水平科技自立自强、建设科技强国贡献力量。

让科学素质跟上科技发展步伐

只有公众科学素质大力提升和普遍提高，
国家创新能力和可持续发展才会获得更牢固和更广泛的社会基础

2017年，7.71亿人次参加各类科普活动，平均每96.6万人拥有一个科普场馆，科普网站、科普类微博和公众号等互联网传播渠道触达人次超过60亿……不久前，科技部公布的一份中国科普统计数据，呈现出人们内心科学梦的快速生长、公众科学素质的日益提升。

大力开展科学普及、不断增强公众科学素质的背后，是一个民族对未来的期冀和创新的渴求。改革开放40年来，科普事业在科学的春天里恢复生机并蓬勃发展，公众科学素质的城乡差距、地区差距不断缩小，有效支撑了科教兴国战略、人才强国战略、创新驱动发展战略的实施。特别是党的十八大以来，公民科学素质水平进入了快速提升阶段。截至2018年，具备科学素质的公民比例达到8.47%，为实现2020年"公民具备科学素质的比例达到10%"的战略目标打下了坚实基础。

与此同时，科普自身的吸引力也越来越强，质量越来越高。2013年6月20日，离地球300多公里的天宫一号上，神舟十号航天员为全国青少年带来神奇的太空一课，一同领略奇妙的太空世界，激发了孩子们崇尚科学、探索未知的热情与梦想。科普活动参与度越高，越有助于科学素质的提升；公众科学素质越高，越能够推动科普事业的水涨船高。两者的良性循环，无疑会涵养出科学事业和创新驱动发展战略的一片沃土，培育出更多的创新人才和高素质创新大军。

从掌握科学知识、科学方法，到尊崇科学精神和科学思想，科学素质的提升既关系每个人成长，也关乎国家乃至人类的共同命运。意识到人类在"宇宙年"最后一天的晚上才出现在地球上，或许就会多一分对生命的理解；认识到从发明天文望远镜到在月球踩下脚印只用了几百年时间，可能会更深刻了解科学的重要性，并对创新旅程充满信心。实际上，只有公众科学素质大力提升和普遍提高，国家创新能力和可持续发展才会获得更牢固和更广泛的社会基础。就像有调查显示，尽管人们担忧人工智能会带来潜在风险，但依然有超过90%的被访者赞成"人工智能的发展有助于提高人类工作效率，给人们的生活带来巨大的便利"。这说明，公众充分理解和广泛参与科学，才能够在有关科学伦理等的争议性事件中明辨是非。

科技的发展没有止境，科学素质的进步也不会停歇。尤其是在新一轮科技革命孕育兴起的当下，生命科学、人工智能、星际探索、新能源新材料等科技浪潮，正不断刷新着原有知识体系和认知维度。科学突破的周期越来越短，一次新发现、新突破，很可能就会改写教科书。因此，科学素质的提升需要及时跟上科技发展的步伐。有科技人士指出，公众科学素质总体水平不高仍然是我国创新发展的"短板"，同时面临发展不平衡不充分的挑战，优质科普资源仍显供给不足，传播方式和能力还有待提升，科学精神的引领作用有待加强。未来进一步推动我国公民科学素质达到世界先进水平，让更多人具备科学精神、掌握科学方法，仍是一个长期的、富有挑战性的过程。

不久前，习近平主席向世界公众科学素质促进大会致贺信强调，"中国高度重视科学普及，不断提高广大人民科学文化素质"。把科学普及放在与科技创新同等重要的位置，政府、教育界、科学共同体和企业、媒体等形成有效协同的社会网络，加上运用好政府主导与市场运作有机结合的机制，发展科普产业，拓展社会公众参与、互动、体验渠道，相信全民科学素质将会进一步提升，创新发展活力会进一步激发，从而为建设世界科技强国提供坚实支撑。

《人民日报》2018 年 12 月 26 日第 5 版

开启全球视野下的自主创新浪潮

筑牢自主创新的理念和信念，

攻坚克难、久久为功

近日，美国商务部对中兴通讯激活拒绝令一事，让自主创新的议题备受关注。不少人提到的"缺芯少魂"一词，也让我国缺少自主研发计算机操作系统的问题进入了公众视野。

如果说芯片是计算机和互联网信息世界的硬件"神经中枢"，操作系统则是让计算机硬件具备"灵魂"的基础。作为最基础、最底层的计算机软件，操作系统十分重要。有了操作系统，冰冷的机器才有"生命"，人们才有机会赋予其更多功能。长期倡导自主开发操作系统的倪光南院士做过比喻，操作系统就好像地基，应用程序就好像地基上的房子。谁掌控了操作系统，谁就掌握了小到一台电脑、大到一个网络的"开关键"，甚至可以在需要的情况下掌控所有的用户信息和操作行为。因此，操作系统事关信息技术竞争力，更关乎国家信息安全。

研发出一款国产操作系统，像微软Windows系统一样供广大用户使用，是我国科技人员的夙愿。经过刻苦攻关，我们取得了包括银河麒麟、普华操作系统等在内的一部分成果。不过，研发一款通用的操作系统并广泛应用，难度超乎想象。以Windows系统为例，有人甚至用美国阿波罗登月计划来形容其研发工程之庞大。而且，Windows还经历了多个版本的更新，每一次升级也耗费了不少成本。

然而，一款操作系统的成功，蕴藏着巨大价值。它能构建起一个包括硬件开发者、应用软件开发者和用户在内的上下游生态链条和产业空间，围绕操作系统形成"生态圈"。同时，这也为后来者构筑了壁垒：即使研发出新的操作系统，也很难再去改变既有格局。正如有人说的，除非出现颠覆性的机会，否则很难改变这种现状。苹果的iOS系统和谷歌的安卓系统，就是在Windows依然统领传统个人计算机的情况下，在移动互联网时代崛起从而"称雄"移动终端操作系统领域的。处身云计算、大数据时代，类似操作系统这样基础性的核心要素仍会存在，这也意味着新的机遇。

　　"没有网络安全就没有国家安全。"奋力自主创新、实现信息领域核心技术的突破，才能真正维护网络安全，加快推进网络强国建设。当年王选院士立足创新前沿、自主攻克汉字激光照排技术，"科技顶天，市场立地"，使得中国人"告别铅与火，迎来光与电"，不仅改造了传统铅字印刷行业，还创造了一个全新的电子出版产业。回溯改革开放40年，正因唱响了自主创新的主旋律，我们才创造出网络大国、科技大国的气象，也才拥有了向网络强国、科技强国进发的底气。今天，我们亟须开启新一轮全球视野下的自主创新浪潮，让芯片、操作系统以及高端制造装备等关键领域不再有"卡脖子"的隐忧。

　　核心技术是国之重器。在近日召开的全国网络安全和信息化工作会议上，习近平总书记强调，"要下定决心、保持恒心、找准重心，加速推动信息领域核心技术突破"。筑牢自主创新的理念和信念，攻坚克难、久久为功，我们的科技强国之路必将越走越宽广。

《人民日报》2018年4月25日第5版

少拿高科技当名头搞"忽悠"

用一些高科技概念进行包装，

这种"忽悠"需要我们擦亮眼睛

前不久，一个关于北斗的消息引起社会舆论的关注。有报道称，北斗地图APP预计5月1日上线，其导航功能可精确到1米以内，能够清晰定位到具体车道，还有报道辅以"5月起，导航就用中国北斗"等标题。一时间，北斗地图APP将上线的消息形成刷屏之势。之后有专业人士辟谣，指出"北斗地图"的说法纯属忽悠，官方也及时利用新媒体渠道推送北斗的科普知识以正视听，终于平息了这次借北斗之名行商业炒作之实的事件。

作为高科技，北斗尽人皆知，但并非所有人都了解它的技术特点。北斗系统是国家投资建设的卫星导航系统，功能是定位、导航、授时，类似美国GPS（全球定位系统），比GPS还多了一项能够发送信息的短报文功能。北斗系统可以给电子地图提供一定的技术支撑，但说成是"北斗地图"则容易引起误导。因为导航卫星只能提供定位，只有遥感卫星才能帮忙生成地图的影像。

一直以来，北斗系统强调"天上建好、地上用好"，也就是为全球提供导航定位能力，欢迎所有人利用这种能力研发出北斗相关应用并去使用。因此，北斗系统不存在独家代理，也不存在某一厂商代表国家北斗形象。也就是说，即便"北斗地图"存在，也只是某一企业的产品，并不能代表北斗系统。北斗系统和从事北斗系统开发的厂家是两回事。

此外，北斗系统从建设之初，就秉承"中国的北斗，世界的北斗"的理念。北斗是开放、包容的卫星导航系统，目标是为全球用户提供高精度的服务。一方面，我们要自主研发自己的卫星导航系统，牢牢把主动权抓在自己手中；另一方面，全球各大卫星导航系统也是互相兼容、互为补充的，从而让用户有更好的体验。比如，很多手机往往兼容北斗和GPS系统，而不是非此即彼、有你没我。

　　随着我国北斗系统建设的日益完善，北斗融入生活的程度越来越深，北斗应用和北斗产业也随之水涨船高。借用北斗名头的炒作，类似"北斗地图"这样的事件，不是第一次，可以想见也不会是最后一次。比如，此前就有一些厂商将自己包装成北斗系统的直接代理商，甚至在去年还出现过"北斗茅台"这种离谱的闹剧。

　　从当年的"水变油"骗局和形形色色的"纳米"产品，到如今的用一些高科技概念来给产品或商业方案进行包装，这种有一定技术含量的"忽悠"需要我们擦亮眼睛。同时，也需要媒体、专业人士、科技界等多方形成科学普及和知识传播的合力，提升整个社会的科学素养。

《人民日报》2018年4月23日第20版

关键时刻顶得上用得好

广大科技人员"把论文写在祖国大地上"，
让科技担起重任，发挥效能，值得点赞

元宵节过后，位于武汉市的湖北省水果湖第一中学师生用上了在线课堂——通过专门开发的腾讯课堂极速版，学生们拿起智能终端就可随时随地接入老师开启的在线直播教学。同一时间，武汉市广大中小学生也集体登录"空中课堂"，完成了特殊的一课。从湖北到全国各地，在线课堂和远程教育平台成为新冠肺炎疫情特殊时期师生们的好帮手。

简单、易上手，流畅、不卡顿，一部手机即可实现"处处能学、时时可学"……汇集了各方面科技成果的线上课堂，在这场疫情防控阻击战中发挥着重要作用。在教育主管部门的号召和统筹安排下，腾讯、阿里巴巴等科技企业，联合众多社会资源，通过提供直播课堂、在线课程、在线协同办公、教务教学管理等技术和产品，协同将"停课不停学"落到实处。

顺利开课的背后，是满足海量用户同时在线的技术支持能力。教师是否能简便地在10秒内迅速开课，直播画面、声音是否清晰流畅，师生在线音视频互动是否实时通畅，考验着云计算、网络接入等底层技术能力；同时，线上课堂能否贴近传统教学习惯，学生能否如常"举手"提问，不仅仅要依赖技术集聚，还需要技术手段和教育理念、教育信息化的专业属性深度融合，这其实是对教育信息化技术积累的一个实战考验。参与平台搭建和技术测试的腾讯技术人员欣喜地看到，网络直播端承载近百万武汉中小学生同时在线上课，经受住了考验，这使得他们更有信心去进一步打磨和完善细节。

关键时刻顶得上、用得好，有实际效果，这就充分体现了科技支撑的作用。当前，包括教育信息化技术在内的科技力量，正在帮助人们打赢这场疫情防控阻击战。互联网、大数据、人工智能等新技术应用齐上阵，增添了防控疫情的手段，取得了较好成果。以国家科技重大专项为代表的科研项目，聚焦新药创制和重大传染病防治等，产出了一批重要成果，为呵护公众健康作出了积极贡献。

养兵千日，用兵一时。广大科技人员"把论文写在祖国大地上"，让科技担起重任，发挥效能，值得点赞。用兵离不开养兵，越是关系国计民生的重大关键技术，越是需要长期探索、持续投入，我们在重视"科技之用"的同时，也要尊重科学规律，耐心呵护，让科技成果按其规律生长、壮大，从而蓄满足够的能量，成为抵御灾害、护卫社会安全的重要支撑。

《人民日报》2020 年 2 月 17 日 第 19 版

让产学研拧成一股绳

健全产学研一体化创新机制，

要有"龙头"牵引，要有"先手棋"意识

在前不久召开的2018年度国家科技奖励大会上，一个名为"云—端融合系统的资源反射机制及高效互操作技术"的研究项目，获得国家技术发明奖一等奖。这一项目由北京大学梅宏院士团队和神州数码控股有限公司因特睿团队共同完成，它是产学研深度融合、一体化创新的有益探索。

突破关键核心技术，离不开产学研的密切合作。产业和高校、科研机构等相互配合，科学家、企业家发挥各自特点，能更加有效地促进创新要素的顺畅流动，从而形成强大的综合优势。跟过去常说的产学研合作相比，产学研一体化创新，意味着"产学研"或者"产学研用"各方融合得更深，切切实实拧成一股绳，形成更大合力。

健全产学研一体化创新机制，要有"龙头"牵引。企业必须发挥主体作用，以产业需求引领前沿技术和关键共性技术的成果转化和产业化应用，着力打通科技成果转化"最后一公里"。以前述获奖成果为例，打破信息孤岛是实施大数据战略的重大需求，因特睿团队将北大的基础研究成果成功转化为产品，神州数码控股有限公司进一步强化科技成果产业化应用能力，他们共同研发的"燕云"技术，累计打破数千个制约"互联网＋政务"发展的信息孤岛，成为支撑我国大数据产业发展的一项共性关键技术。神州数码控股有限公司负责人郭为对此深有感触：以企业的产业需求为技术创新的原动力，产学研一体化的创新成果有利于共同解决重大科技难题。

健全产学研一体化创新机制，要有"先手棋"意识。当前科技浪潮汹涌、技术更新加速迭代，越早对大数据、云计算、人工智能、量子计算等前沿技术进行攻关和孵化，就能越早形成核心竞争力，占据竞争制高点。基础研究的深度决定着技术创新的厚度和广度。产学研一体化，离不开科研单位的原始创新这一步"先手棋"。国家深入实施创新驱动发展战略，为基础研究特别是应用基础研究提供了巨大的舞台。企业应大力支持高等院校、科研机构的前瞻性基础研究，积极孵化科研单位通过自主创新取得的重大成果。基础研究的技术转化和推广门槛很高，需要企业给予大的投入支持，提供合适的应用场景去"试用"。

这几年，我国产学研深度融合、协同创新取得了很大成效，产学研一体化创新也有了令人欣喜的成果。围绕"坚持创新引领发展，培育壮大新动能"的主线，需要我们进一步改革科技研发和产业化应用机制，不断健全产学研一体化创新机制，激发"创新"这个发展新引擎的最大驱动力，从而在激烈的竞争中占领先机、赢得优势。

《人民日报》2019 年 3 月 18 日 第 19 版

释放内在的创新力量

中国的科技创新进入了一个跟跑和并跑、领跑并存的新阶段；

科学研究的进展及其日益扩充的领域，将唤起我们的希望

"作为一支正在崛起的太空力量，中国在今年斩获了数场胜利。"在年终盘点中，中国的航天发展被英国《自然》杂志描述为"影响了 2016 年的重大科学事件"。这一年，中国科技在多个领域赢得世界范围的尊重，的确引人瞩目。

最激动人心的，是大科学工程的集体崛起。传统的优势仍在保持，长征五号跻身全球运载能力最强火箭行列，两位中国航天员打破中国最长太空生活纪录，超级计算机"神威·太湖之光"继续在全球超级计算机榜单上名列榜首。某些新领域悄然走到了世界前列，贵州落成世界上最大单口径巨型射电望远镜，能接收到 137 亿光年以外的电磁信号。

对科学家来说，不可违背的原则是为人类文明而工作。这一年，基础研究的进展，让人们看到了中国科学家"为人类谋幸福"的探索精神，包括大亚湾实验测得最精确的反应堆中微子能谱、揭示寨卡病毒致病机制及其对疾病的影响、破解光合作用超分子结构之谜，以及液态金属和石墨烯的研究进展等。对这些领域的机理探究，很可能成为改变人类生活的起点。

以科技进步引领的创新，扎根在更广阔的田野上。一方面，以企业为代表的民间创新，成为社会进步的另一个引擎。"百度大脑"人工智能技术、阿里云"飞天开放平台"等技术成果，在全球互联

网领域内也属先进行列。华为、中兴通讯等企业参与研制的中国 5G 技术方案，在全球 5G 标准制定中赢得一席之地。另一方面，社会对于科学求真求实的探讨，也在不断深入。中国是否应该建造全球最大的粒子对撞机，科学家展开激烈的公开辩论；韩春雨论文事件的争议，也擦亮了学术共同体的价值底色。

中国的科技创新进入了一个跟跑和并跑、领跑并存的新阶段，这是多个因素作用下的厚积薄发：有国家每年科技投入的增长、科研人员的专注坚持，更离不开人们的认同——科学研究的进展及其日益扩充的领域，将唤起我们的希望。在迈向科技强国的征程中，这种认同将提供最重要的支撑。

《人民日报》2016 年 12 月 28 日第 5 版

科技潮流中的变与不变

科技潮流的追逐永远在路上，
互联网的未来考验着人们的想象力

24年前的今天，中国用一条传输速率只有64K的国际专线，全功能接入国际互联网，从此正式走入了互联网时代。一个月后，中国国家顶级域名"CN"的根服务器也在一批科学家的努力下"迁"回中国，结束了顶级域名服务器由国外代管的历史。

20多年来，互联网技术更新迭代，商业竞争风云激荡，恐怕谁也没有预料到，当时只是第七十七个拥有全功能互联网的国家，如今已成为全球互联网最有影响力的国家之一，并正努力成为新一轮数字浪潮的领跑者。

初始寥寥无几的中国网民，已扩展成如今近8亿的庞大群体，互联网对于人们生活的影响和改变无与伦比。智能手机、移动互联网、在线社交软件等，在90后"数字一代"眼中和空气一样不可或缺；网络购物、移动支付、共享经济等新业态，已成为一种生活日常；实体经济和虚拟经济进一步深度融合，万物互联将进一步缩小物理世界和网络空间之间的界限。工业革命之后，人们通常把"用电量"作为衡量经济好坏的重要指标。有人预测，数字经济时代，"用云量"将会成为一个重要的经济指标。

当然，集技术、工具、平台和空间多种角色于一体的互联网难说完美。脆弱的网络安全，易遭泄露的个人信息，乃至大数据时代的隐私挖掘，拼接成了互联网版图的阴影一面。创新有成的中国互联网，远没到沾沾自喜的时候，要成为数字时代的领跑者，需要从自主创新和基础支撑上下功夫：在新一代信息基础设施建设方面，还要好好争取一番 5G 标准的话语权；芯片作为数字经济中的"工业粮食"，中国还是世界最大的进口国，自主芯片研发任务非常重；从长远看，前沿技术研发、数据开放共享、隐私安全保护、人才培养等方面也需要做好前瞻性布局。

科技潮流的追逐永远在路上，互联网的未来考验着人们的想象力。从"K"到"G"，从互联网到移动互联网，从"地球村"到"命运共同体"，在变化中掌握不变的规律，是勇立潮头的根本凭借，也是中国互联网在未来继续推动互联网历史进步、创造出互联网最大价值的指引。

"互联网核心技术是我们最大的'命门'，核心技术受制于人是我们最大的隐患"，深刻理解这种认识，将核心技术作为墙基而建起的互联网大厦才会既漂亮又坚固，不惧风雨。可以想象，拥有更开放的心态、更努力的状态，中国互联网的未来会更精彩。

《人民日报》 2018 年 4 月 20 日 第 12 版

科技创新，谁行谁上

建设世界科技强国，

需要的是集聚各种创新力量，

汇聚创新潮流

前不久，国家发改委正式批复，由百度牵头筹建深度学习技术及应用国家工程实验室，与其他共建单位一起，推动我国深度学习技术及应用领域的产学研用全面发展。

依照常规，国家工程实验室代表了我国在某领域的最高水平，有统领行业的顶端优势，似乎应该让国家级科研机构、著名高校或是大型央企等所谓体制内的科研力量来牵头，并配以国家的投入。而人工智能领域国家级实验室的筹建，这种发展人工智能的"国家使命"，为何让百度这样一家民营的互联网科技公司来牵头？

答案并不难找。无论是体制内还是体制外，只要是研发走在前面，水平处于领先，都可以担起"领头雁"的职责。就百度来说，近些年在人工智能技术上投入巨大，在北京和硅谷建立了人工智能实验室，打造全面的人工智能研发体系，被认为代表国内人工智能研发的最高水平。与此同时，作为高科技企业，百度的人工智能研发面向应用和产业，既接地气，又站在产业前沿，也足够吸引深度学习领域的顶尖人才。这样的企业作为人工智能这种应用型科技的国家工程实验室组建牵头人，无疑是比较合适的选择。

科学研究的规律并不强调体制内外的区别，只强调什么样的科研模式更适合什么样的科学研究。从科技发达国家的经验看，几天前民营的美国太空探索技术公司（SpaceX）刚刚用"猎鹰9"火箭成功发射"龙"货运飞船，为国际空间站运送物资和设备。而这家公司的"客户"美国国家航空航天局（NASA）的用意，是让企业通过创新去降低太空运输成本，而自己则会研发更新、更为重磅的太空技术。同样，在日本20多位诺贝尔科学奖得主中，既有相对稳定的大学教授，也有来自企业的工程师。当然，人类花了数十年首次直接探测到引力波，这样漫长的科学旅程，则更需要国家层面支持的决心和耐心。

值得关注的是，在提倡创新要素向企业集聚、企业成为创新主体的趋势下，中国科技企业的研发乃至基础、前沿研究实力，已经让人刮目相看。去年12月完成马里亚纳海沟测试的万米级无人深潜器"彩虹鱼"，依托"科学家+民间资本"和"项目+市场"的路径，在深海科学领域"游"得很欢；华为、中兴等企业作为主要科研力量参与的中国5G技术方案，在全球5G标准制定中拥有话语权；百度等中国互联网公司，也像微软、IBM一样，拥有了世界顶尖的科学家和基础研究人员，以储备保持领先的创新力量。

人们常说，科学研究没有禁区，创新的路径也不需要设置身份、体制之类的障碍。建设世界科技强国，需要的是集聚各种创新力量，汇聚创新潮流。一句话：科技创新，谁行谁就上。

《人民日报》2017年2月22日第12版

突破了惯例才不一般

在实施创新驱动发展战略、建设创新型国家的大背景下，

体制机制的作用至关重要，

要让更多的"彩虹鱼"游向梦想的大海

并没有进入官方科技体制的"彩虹鱼"，无论是在科技领域还是市场领域，都"游"得很欢。

在不少人看来，这有点另类。按惯常思路，像万米级无人深潜器这样相对高端的科技项目，前期研发投入大，研发时间长，未来回报难以预料，如果没有国家项目资金的扶持，成功的概率不大。

"彩虹鱼"能够不断挑战深海，是由于崔维成团队主动找市场、与民间资本"共舞"两年多，使得原来被看成不可能实现的梦想，如今已势在必得。好的体制是活水，"彩虹鱼"之所以游得痛快，在于它走了这条"科学家＋民间资本""项目＋市场"的创新途径，没有选择走从前科研项目申请、立项、研发、结项验收，再到科技成果转化的路子。所谓的另类，只是打破常规途径，但仍然是按规律办事。

首先，是科研的"指挥棒"变成了"向心力"。"彩虹鱼"的团队不需要申请课题，不用为论文烦恼，只需埋头技术攻关，做出真正能安全可靠巡航万米海底的潜水器是唯一目标。

其次，民间资本进来后，与国家项目相比，钱是"自己的"。一方面，因此减去了一些相对烦琐的流程，决策拍板和资金到位也都要快。另一方面，也正因为钱是自己的，一分一厘都要用得到位，

用得清楚。

另外，由于民间资本的进入，在企业家参与项目的整个生命周期，"彩虹鱼"和市场的结合十分紧密，导致科学家也脑洞大开，看到比以往更丰富的需求，从而大大拓展了科研成果转化途径，多点开花，获得裂变式的效应。

"彩虹鱼"的特殊性，在于它一直没有进入现有的科技体制，虽然少了支持，但也少了一些掣肘。但并不能因此否定现有的科技体制机制，事实上，在不少重大原创性、基础性、前沿性领域，只有国家大力支持，形成较大范围的大协作，才能取得突破性的成果。比如"蛟龙号"7000米载人潜水器的诞生，就受益于这样的支持。而"彩虹鱼"之所以能够获得民营资本青睐，不得不说，也有着"蛟龙号"为深海科学铺路造势的因素。

就像崔维成所感受到的，比"彩虹鱼"更值得探索的，是不拘一格的科研创新体系。在实施创新驱动发展战略、建设创新型国家的大背景下，随着各类创新主体互促、民间草根与科技精英并肩、线上与线下互动的不断推进，体制机制的作用至关重要，这也是科技体制改革进一步深化的原因，目的就是让更多的"彩虹鱼"游向梦想的大海。

《人民日报》2016年1月19日第16版

创新须有足够的耐力和耐心

创新是一场没有终点的马拉松，
需要足够的耐力和耐心

日前，多位科学家和企业家共同发起设立了"科学探索奖"，计划每年在基础科学和前沿核心技术的九大领域，选出 50 名青年科技工作者，每位给予连续 5 年、每年 60 万元的支持。该奖项的特别之处在于奖励的并非是已做出的科技成果，而是青年科技人员对未来的探索。正如科学家杨振宁所说，设立科学探索奖能鼓励年轻人走进科学技术的领域，去探索未来。

近一段时间来，有一类现象值得关注：国内企业特别是一些领跑行业的高科技企业，越来越重视基础前沿研究和原创技术开发。华为、腾讯、阿里巴巴等公司纷纷下大力气吸引顶尖科技人才，有的还把内部的技术研发部门放在更显要的位置。

从树立创新意识到对创新的深入思考，再到真刀真枪、真金白银加大创新投入，反映出企业乃至整个产业界已深刻意识到：创新是一场没有终点的马拉松，需要足够的耐力和耐心。如同美团点评创始人王兴感慨的那样，对创新而言，有耐心还不够，还需要"长期有耐心"。做到这一点，甚至应当成为企业的核心竞争战略。

长期有耐心，体现在踏踏实实地在创新路上前进。科技创新不像一些行业那样往往砸钱就能成功，不仅探索的周期长，还要冒失败的风险，需要有长远的战略眼光。华为创始人任正非曾这样形容企业的技术研发：过去的 30 年，华为从几十人开始，到几百人、几千人、几万人再到十几万人，都在对准同一个"城墙口"冲锋，攻打的"炮弹"也已经增加到每年150亿至200亿美元，全世界很少有公司敢于像华为这样对同一个"城墙口"进行投入。可以说，正是得益于这种"集中力量在一个比较窄的方向上突破"，华为才拥有了包括核心专利在内的几万项专利，具备了保持全球竞争力和局部领先的持续信心。

长期有耐心，还反映在清醒认识创新的真正价值所在，并付诸实际行动。以数字经济发展为例，具备IT能力的互联网服务商，并非是去颠覆某个线下行业，而是通过新技术、新模式，和产业的上下游一起，降低成本、提高效率、改进体验，共同把"蛋糕"做大——这才是真正有价值、可持续的创新，这样的创新也往往需要假以时日，不可能一蹴而就。就像王兴所说的"少谈一点颠覆，多谈一点创新"。科技能力能够帮助餐厅在线营销、配送、收银、桌台管理和供应链、金融等各个环节的数字化并提高效率，但最终评价一家餐厅的特定价值，还是在于菜烧得好不好、消费者是否愿意去吃。从这个角度来说，互联网科技平台更多的是为传统行业提供科技支撑、融合发展。这种产业数字化的空间还很大，值得企业去持续研发。

当前，各行各业都在围绕创新做文章，向技术创新要红利。无论是传统行业的转型升级，还是新旧动能转换，都离不开创新。我们要做好长期准备、怀有耐心，这样才能在创新之路上行稳致远。

《人民日报》2018年12月3日第20版

第二章

探索之心

　　好奇心是人类与生俱来的天性，探索自然也是人类长久以来的执着追求。科学就像一场充满了不确定性和冒险性的奇幻之旅，从物质结构的探究，到浩瀚宇宙中的天体运行规律，自然规律的认知和科学的突破发现，都离不开饱含热情、坚守使命的不懈探索。而在这上下求索的过程中，有一路跋涉的艰苦，更有激动人心的快乐。

　　显而易见，在人类伟大的科学探索旅程中，仅有好奇心还远远不够，还需要智慧、勇气、执着等将梦想化为现实。在科学领域的源头创新、原始创新中，要实现"从 0 到 1"的基础研究突破，需要有"力出一孔"的专注，也要有"甘做十年冷板凳"的坚持。而对科学探索的回报往往也丰厚得惊人，它不仅满足了好奇心和探索欲，也将创造新的科学知识，拓展对世界的新认知，并将驱动新的技术造福人类。

传承人类自己的"引力波"

对科学的信念和坚持，比起黑洞相撞激起的涟漪，

更具有穿越时空的力量

　　这些天，"引力波"三个字震荡了全世界，刷爆了朋友圈。沉浸在传统佳节喜悦中的中国，由此掀起了一轮崇尚科学的热情，激发了对浩渺宇宙的奇妙想象与对探索宇宙规律的向往。透过"引力波"，人们对"基础科学艰辛而美丽"有了真切的认知，科学工作者们对如何推动创新有了深切的思考。

　　这一场科学的心跳，源于一个来自宇宙深处的、久远而微弱的信号，被这个蓝色星球上的人们捕捉到了。如果爱因斯坦听到广义相对论发布100多年后引力波被探测到的消息，他会为此欣喜若狂，还是淡定地吐吐他的大舌头？很可能他会和参与这一历史性发现的科学家们逐一握手，向他们的坚持和耐心表达钦佩，并且愉快地收回他的那句预言："这些数值是如此微小，它们不会对任何的东西产生显著的作用，没人能够去测量它们。"

　　这一次，通过LIGO（激光干涉引力波天文台），人类首次直接探测到引力波，从而"发现和记录了一个关于大自然的、迄今未被发现的基本事实"，验证了"爱因斯坦是正确的"。选择方向，设计实验方案，长达几十年的等待……不得不说，这是一次科学眼光和科学耐心的胜利。也让人们再一次见识到科学研究尤其是基础科学中时常演绎的悖论："它是辛苦的、严谨的和缓慢的，又是震撼性的、革命性的和催化性的。"

　　这种悖论显然非常折磨人，没有强大的毅力无法承受。就像成

功的一刻，参与其中的科学家感到巨大的喜悦，但更多的是解脱："40年了，好像有一只一直坐在我肩膀上的猴子，在我的耳边唠叨嘲弄我：'呃，你怎么知道这一定能成功？你让这么多人参与进来，如果这一切永远不会成功怎么办？'"LIGO的科学家们或许并没有料到，自己能够这么快地站在全世界的聚光灯下，如果那两个黑洞转得再慢一点，碰撞得再晚一些，他们或许还要再等待很多年。

在LIGO科学合作组织宣布成功消息后，美国麻省理工学院校长在致信全校时提到，"（这个研究）在一个广袤的背景上展示了，对深入的科学问题人类为什么要探索，如何探索，以及为什么至关重要"。对于科学探索的价值所在，这样的说法并不是第一次，也不会是最后一次。但并不是总有像引力波探测这样巨大的科学发现来证明这一切，显然这一次我们的感受尤为深刻。

每一次重大的自然发现、科学突破和观测新工具的诞生，都是人类认知圆圈的扩展，对世界了解深度和广度的拓展。就像有科学家所描述的，500多年前人们用自己的跋涉发现新大陆；400多年前光学望远镜发明后，人类发现自己生活在太阳系；随后的电磁波、中微子信号，让人类的"眼光"能够脱离银河系乃至到达宇宙边缘。现在，引力波的发现，则让人类不仅能看宇宙，也能听宇宙，"打开了一扇前所未有的探索宇宙的新窗口"。而伴随着每一次新的视界的打开，人类的世界观、宇宙观得以刷新。

有时候不得不感叹人类的伟大。来自13亿年前遥远宇宙的引力波细微到难以捕捉，能用长达40年的时间去验证100多年前的科学理论，这种对科学的信念和坚持，比起黑洞相撞激起的涟漪，更具有穿越时空的力量。这一次的引力波探测成果，更像是两代科学家穿越时空的联手，为人类开启了一场新的探索旅程。而接收和传承这种来自人类自身的"引力波"，对有30多亿年的地球生命史和几百万年的人类史，更具有生命和梦想绵延不绝的实际意义。

"黑洞"照片让我们看见了什么

"科学是永无止境的，它是一个永恒之谜"，
看似渺小的人类，用探索之心总可以发现新的世界、做出伟大的壮举

在遥远的宇宙深处，一个很小的区域内存在着一个质量为太阳65亿倍的天体，它具有的超强引力使得光也无法逃脱其"手心"。看起来，这个完全黑暗的神秘天体就像是一块阴影，隐藏在发光气体形成的明亮光环内。在距离这个天体5500万光年的一颗行星上，人类用巨大的望远镜接收到长途跋涉而来的天文信号，从而勾勒出这个被称为"黑洞"的天体模样。

"我们捕获到了黑洞的首张照片"，北京时间4月10日21时，"事件视界望远镜"项目在全球多地同时召开发布会，天文学家们欣喜地公布了这张人类首次拍到的黑洞照片——这个被直接"看"到的黑洞，位于室女座超星系团超巨椭圆星系M87的中心，它的确像一片阴影，被一个明亮程度不一的光环所环绕。在科学家眼中，模糊而简单的暗影十分迷人，它是最接近黑洞本身的图像，透露着黑洞的许多本质。

"成为有史以来第一批'看见'黑洞的人类，真是好运气！"继人类在2015年通过引力波探测"听到"了两个黑洞的"合体"之后，首张照片成为黑洞存在的直接"视觉"证据。就像一位研究黑洞20多年的科学家所评论的，这张看起来有点模糊的照片意义非

凡，它再次验证了爱因斯坦的广义相对论对黑洞的预言是对的，并将进一步帮助科学家解答星系演化等一系列宇宙本质问题。

首张黑洞照片，是对人类好奇心和探索欲的褒奖和回馈。与生俱来的好奇心不断催生着人类的探索事业。从100多年前黑洞预测的提出，到50年前"黑洞"一词的流传；从100年前两支科学探险队前往非洲海岸和巴西，通过1919年的日食观测光是否会因太阳引力而弯曲，到如今"事件视界望远镜"项目派遣团队前往世界上最高和最偏僻的射电观测台站，去再一次检验对引力的理解……对黑洞的寻找是一场跨越百年的好奇心之旅。将照片"洗"出来，让所有人都看见黑洞，不仅能让人们欣赏到自然之美，打开对宇宙的新视角，同时也将进一步拨动探索的心弦、激起好奇心的涟漪，形成穿越时空的力量。

来自遥远宇宙的信号像雷声中的蝉鸣，仅有好奇心还不足以分辨，还需要科学的智慧和执着的努力。如同参与这次观测的科学家所说的，正是源于数十年观测、技术和理论工作的坚持和积累，全世界射电天文台的协同合力，世界各地研究人员的密切合作，一个关于黑洞和事件视界的全新窗口才被打开。这是个难以想象的大科学计划：全球超过200名科学家参加，包括中国参与的全球13个合作机构支持，智慧地利用分布于火山、沙漠、南极点等全球8个高海拔地区的射电望远镜，组成一个口径如地球直径大小的虚拟望远镜，每年只有大约10天的短暂观测时间，需要无比精准的同步观测和超级计算机对海量观测数据的分析，以及长达两年的"冲洗"……人类历史上的首张黑洞照片，无疑是人们用智慧和汗水在探索蓝图上画下的完美图案。

寄蜉蝣于天地，渺沧海之一粟。就像有人形容的：当黑洞照片上的光被射出时，人类的先祖还像猿猴一样在树上游荡，还不知道群星是何等的美丽；当这些光线抵达这个蓝色星球时，它们依然还是它们，而我们已经张开了探索的眼睛。看似渺小的人类，用探索之心总可以发现新的世界、做出伟大的壮举。"科学是永无止境的，它是一个永恒之谜"，爱因斯坦的这句话将继续伴随未来更多的科学探索。只要像打造地球望远镜一样汇聚人类共同的力量，那些关于宇宙奥秘的新窗口将一扇接一扇地被打开。

《人民日报》2019 年 4 月 15 日 第 5 版

科学是一场探索之旅

科学是充满开拓、乐趣、坚守和奉献的探索之旅，
有时需要执着的守候，有时需要大胆的开拓

10月初，一年一度的诺贝尔科学奖奖项逐一揭晓，引起全世界的热切关注。作为世界上最高的科学荣誉，获奖的科学家万众瞩目，专业的研究成果也被想方设法"翻译"给大众一睹为快。和这些一样重要甚至更有意义的，是诺贝尔科学奖带来的深层次思考。包括今年在内的历届诺贝尔科学奖一再提醒人们：科学是充满开拓、乐趣、坚守和奉献的探索之旅，它是辛苦的、严谨的和缓慢的，而不是急功近利的舞台。

探索之旅，意味着科学是一场马拉松，无论是科学自身的突破，还是这种突破获得广泛认可，往往都需要相当长的时间，诺贝尔科学奖就是最好的证明。数据显示，20世纪40年代以来，全球诺贝尔科学奖得主取得相关研究成果的平均年龄是37.1岁，而他们获奖时平均年龄是59岁，从突破到得奖平均等待22年。日本免疫学家本庶佑获得今年的诺贝尔生理学或医学奖，他从20世纪70年代就开始研究免疫抗体，获诺贝尔科学奖的主要成果是在1992年取得的。正是他和一同获奖的美国科学家詹姆斯·艾利森的首创性工作，26年来帮助全球科学家一步步推开了肿瘤免疫研究的大门。

类似地，有两位科学家因预测被称为"上帝粒子"的希格斯玻色子的存在获得了2013年诺贝尔物理学奖，而这个预测发生在他们获奖的近50年前。即便是2017年三位科学家因为前一年的引力

波探测结果获奖，但在捕捉到那一丝13亿年前的宇宙"涟漪"时，他们已经历了几十年的漫长等待。或许正是对基础研究的艰难跋涉深有体会，本庶佑决定把诺贝尔科学奖奖金全部赠送给母校日本京都大学，用于支持年轻研究者的研究工作，并希望他这次得奖能够给从事基础研究的研究人员增加勇气，"基础研究非常重要，但研究成果要回馈社会耗时较长，期待社会能够更加宽容地对待基础研究"。

探索之旅，也意味着面对未知，需要用开拓精神来开辟新的天地。诺贝尔科学奖和数学领域的菲尔兹奖、计算机界的图灵奖等顶尖荣誉，大多颁给做出重大原始创新性成果的科学家。如果只是沿着前人走过的道路享受坦途，跟着别人的研究方向亦步亦趋，甚至为早出成果、快发论文而一味跟踪热点，可能难以获得诺贝尔科学奖或实现真正有价值的创造，从而也无法推动产生更多的关键核心技术和重大科技突破。因发明蓝色发光二极管而获得2014年诺贝尔物理学奖的美籍日裔科学家中村修二曾是一家企业的普通职员，他曾经打趣说，因为大公司的研发力量把山头都占满了，竞争太激烈，他只能另辟蹊径走别人不走的路。

本庶佑获得此次诺贝尔生理学或医学奖后，使得2000年以来获得诺贝尔科学奖的日本本土科学家达到了19人。日本科学家连年获诺贝尔科学奖，离不开日本对基础研究长期稳定的支持、对培养年轻科研人才的重视，以及社会对科学家的尊重和宽容。尤其让人印象深刻的是，在诺贝尔科学奖"丰收"的情况下，日本各界却时刻保持着危机意识，担忧科技创新力出现衰退，并提出加强科研投入，为年轻研究人员提供更好的科研环境。这种崇尚科学、推动科学进步的意识和举措，也值得我们借鉴。

《人民日报》2018年10月22日第18版

屠呦呦让我们自信更自省

实验室里千回百转后柳暗花明那一刻的惊喜和满足，

或许也会比不曾奢求的荣誉更恒久

这个国庆，出现在瑞典卡罗琳医学院诺贝尔大厅大屏幕上的一张"中国面孔"，让国人振奋。北京时间10月5日，85岁的中国女科学家屠呦呦获颁诺贝尔生理学或医学奖。

"呦呦鹿鸣，食野之蒿。"屠呦呦在发现青蒿素和治疗疟疾上的卓越研究，显著降低了疟疾患者死亡率，为促进人类健康和减少病患痛苦作出了无法估量的贡献。诺贝尔科学奖既是对这一成就的褒奖，更是对科学家们智慧与心血的回报。而实验室里千回百转后柳暗花明那一刻的惊喜和满足，或许也会比不曾奢求的荣誉更恒久。

作为中国首位诺贝尔医学奖获得者，屠呦呦真正了结了多年以来国人的"诺奖情结"。回头再看，这一情结的熨平，还有更多值得咀嚼的地方。

屠呦呦1951年考入北京大学医学院，选择了药物学系生药学专业为第一志愿，可以说是中国本土科研体系培养的获诺贝尔科学奖第一人。她的获奖，无疑能增强我们这个时代科学家们的自信心。40多年前，科研人员与外面的世界交流不多，可供查找的文献很少，在相对简陋的条件下，还能作出如此重要的原创突破；40多年来，中国科研人才的积累厚度、科研条件的优越程度、全球合作的深度广度，不断水涨船高，许多领域已经赶上甚至领先国际水平，有理由相信会出现第二个、第三个"屠呦呦"。

屠呦呦也让人看到，无论是诺贝尔科学奖还是 SCI 论文，或是《科学》《自然》等国际刊物，都只是一种评价手段。最重要的，还是做好自己，坚持学术方向、坚定学术追求、坚守学术信仰，没必要妄自菲薄，更没必要被牵着鼻子走。有些人还在怀疑"诺贝尔奖有没有照顾中国人"，这种缺乏信心的表现已经不合时宜——科学大奖不会照顾任何人，只要有了足够的资格，自然就会被关注到。

另一方面，屠呦呦成为中国首位诺贝尔医学奖获得者，也是对那些希望"毕其功于一役"的速成论者的提醒。科学有自己的规律，最忌讳的就是急功近利。它无法严格地用投入去预测产出，不是简单的资源叠加就能创造出新事物，也很难按部就班达到预定目标。科学的道路有很多走法，无论头衔和身份，无论领域和方法，"科学家"才是唯一的、纯粹的标签。有人描述得很形象，真正钟情于科学的人，出发点并非想去拿奖，也许有人一辈子都不会有惊艳的成果，有人可能用毕生精力，也只是在科学的某个关口书写了四个大字"此路不通"。

对这些科学家来说，更灵活、更多元的评价机制和激励机制至关重要。在日本，很多诺贝尔科学奖得主来自民间机构或是企业；在美国，像微软这样的大公司，集聚了一批有才华的科学家从事基础研究。我国对于科技创新体制机制的认识，也在不断创新。最近出台的《深化科技体制改革实施方案》中就明确，"研究制定科研机构创新绩效评价办法，……突出中长期目标导向，评价重点从研究成果数量转向研究质量、原创价值和实际贡献"。类似导向和举措，无疑能让有志于献身科学的人坐下来，让被浮躁之风袭扰的学术界静下来。

整个世界都在感谢青蒿素和科学。中国科学家也要感谢屠呦呦，有没有能力、是不是拿到诺贝尔科学奖，已不再是一个心结，重要的是迈开步子、自信前行。

珍视我们内心的爱因斯坦

无论是科学家还是非专业的普通大众，
内心往往都有一种成为爱因斯坦的冲动。
科学是用来干什么的，不同的时代有着不同的理解，
但好奇心始终是一个不变的参数

1931年1月，当爱因斯坦参加卓别林在美国洛杉矶的电影首映式时，一大群人向两人发出了狂热的欢呼。"他们向我欢呼是因为他们都能理解我的作品，"卓别林对爱因斯坦说，"他们向您欢呼则是因为谁也不能理解您的作品。"

这个当年的花絮能够流传至今，大概是因为它是诠释科学研究价值最好的例子之一：既道出了科学探索的艰难，也说明了科学的影响力。即便是在今天，讨论科学探索尤其是基础科学的研究，是否变得不重要或者不被人认为重要，都是一个伪命题。不用说实验室里一束电子打向金属板，从此有了造福人类的X射线，或者对原子结构的洞察催生了核能和超级材料等，只要你读到爱因斯坦的故事，内心升腾起哪怕是一点点的小激动，答案已经不言自明——无论是科学家还是非专业的普通大众，内心往往都有一种成为爱因斯坦的冲动。

对科学家而言，"面对周围的世界，我们有什么理由不去探索？"只要好奇心在，科学家对真理的探险永远不会停，人们对了解世界和自身的渴望就不会消失。20世纪上半期物理科学的"黄金时代"，出现了以爱因斯坦、玻尔为代表的一大批物理学家，试图去

改变"大自然及其法则隐伏在暗夜中"的状况，相对论、量子力学等理论的诞生让人类对世界的认识跳跃到一个更高的维度。

这种探索的激情在 21 世纪的今天依然在延续。尽管少了孤胆英雄式的科学巨星，但公众对科学大事件的热情仍然不减。在 2012 年用大型强子对撞机寻找有"上帝粒子"之称的希格斯玻色子时，全世界的新闻媒体都聚焦这一事件，掀起的热度不亚于世界杯足球赛。普通人即使无法完全理解科学家们手头的工作，无法完全明白宇宙大爆炸、超弦理论等一连串让人眼花缭乱的名词，也不会因此而削弱了对霍金和平行宇宙假说的浓厚兴趣。或者，即使难以想象四维空间和多维空间，也不妨碍把中国科幻作家刘慈欣的《三体》小说读得津津有味，小说中的"降维攻击"甚至成为流行语。

随着科学技术和人们认知能力的发展，对于科学研究的精髓是什么、科学是用来干什么的，不同的时代有着不同的理解，但好奇心始终是一个不变的参数。最近在美国麻省理工学院有一个有意思的对比：20 年前的学生学习科学，更多是期望自己成为一名科学家，在某个领域有所建树；现在的学生则更多地认为科学是用来解决问题的，不是局限于特定领域。不管科学用来干什么，仍然需要靠好奇心来驱动。

近几十年来，科学领域特别是基础研究领域，似乎少了足够多的激动人心的突破，也没有再出现牛顿、爱因斯坦这些划时代的科学家。这并非是因为基础研究裹足不前，而是由于科学技术越发达，科学家手中可使用的工具越来越强大，"站在巨人的肩膀上"会看得更远，也使得重大突破越来越难。其实这不算什么，只是历史把重任和荣耀从个人手中交到了一个个同样具有好奇心和探索精神的团队身上，只是更加需要耐力与定力来创新和启发新的思想。

《人民日报》2014 年 5 月 12 日第 20 版

"时光胶囊"里藏了什么

跨越以光年计的距离，

主动用"技术化石"呈现这个时代的文明和文化，

这也意味着人类对自己的当下发展更有信心

据《自然》杂志报道，不久前，科研人员把一根不锈钢管埋在了北极地区的一座岛上。这根藏于地下5米、长60厘米的不锈钢管可以在地下保存逾50万年。埋藏它的科学家希望在遥远的未来，在经历地质隆起、海平面上升和海蚀作用后，这根不锈钢管能够重见天日，发挥"时光胶囊"的作用。

这个"时光胶囊"里，装有一块45亿年历史的陨石碎片，冰岛火山喷发产生的玄武质熔岩，人类、鼠、三文鱼和土豆的DNA干样本，一只包裹在树脂中的蜜蜂，植物种子，以及手机、信用卡、一张从太空拍摄的地球照片等。这些物品，分别对应着迄今为止人类对地球地质的理解、生物学方面的研究成果、当今科技的发展状况和人们生活的日常等方面，其目的是"希望为我们这个时代留下一个纪念"，并向未来的发现者展示这个时代的科技，包括人类"对自己所处星球的自然历史和生命演化的认识"。

这并非人类首次设计"时光胶囊"并向遥远的未来文明传递信息。40年前的1977年，随着两艘"旅行者"飞船升空的旅行者金唱片中，就包含115张图片、歌曲、自然音轨和口头问候，希望获得唱片的地外生命能读懂这些信息。有关时间旅行、星际探索的话题总能勾起人的遐思，人类与生俱来的好奇心始终驱使着人们探寻生命的源头、探求文明的未来，并渴望被理解"我们是谁"，这也正是人类居住在这个星球上的最基本需求之一。

在看起来只能购买单程票的时间旅程中，如何为未来留下一条意义深远又独具创意的信息，让科学家们挖空了心思。不过，试想未来某一天，这个"时光胶囊"如果真的被发现，而且发现者解读上面的信息后露出会心一笑，那么，现在不管多么费尽苦心也都值得。

古代的人们用壁画和制作的简单工具等不自觉地传递远古的信息，得以被动地在现代考古学家的努力下显露着那时的生存状态。现代科学技术的发展，已经可以让我们制作"时光胶囊"或是发射星际飞行器，超越更遥远的时间，跨越以光年计的距离，主动用"技术化石"呈现这个时代的文明和文化，这也意味着人类对自己的当下发展更有信心。

因此，小小的"时光胶囊"恰恰是人们致力于科学研究并取得不凡成就的重要见证。只要人们的好奇心不减，探究未知的勇气不少，会有更多、更新、更具科技含量的"时光胶囊"被制作出来并等待未来的开启，使未来的发现者足够清晰地了解"我们是谁"，促成穿越时空的握手。从这个意义上讲，科学进步本身就是最好的"时光胶囊"，值得我们不断去追求和刷新。

《人民日报》2017 年 11 月 20 日 第 18 版

地博里的心灵对话

与自然的心灵对话，

可能会让我们在生活中更加豁达和从容

整窝的恐龙蛋化石，古人类化石，中国发现的第一朵花化石，以及形态各异、色彩丰富的各种宝石、玉石……前不久我慕名到拥有百年历史的中国地质博物馆参观，眼界大开，惊叹不已。

这座中国最早的公立自然科学博物馆，藏品多达二十余万件，馆藏之丰富堪称亚洲之最。面对这些蕴藏着自然和生命演变痕迹的或大或小的化石、矿石，像极了一次和自然的心灵对话，让人感悟良多。这样的对话，其实应该时不时来一次，它可能会让我们在生活中更加豁达和从容。

和自然对话，领会自然的伟力，能让我们谦虚谨慎地去对待世界。在压力、温度、空间以及自身成分的综合因素作用下，经历地火淬炼，矿石成为地球变迁的印记，也是打开地球记忆的钥匙。就像古罗马学者老普林尼曾赞誉的："在宝石微小的空间里，包含了整个壮丽的大自然，仅一颗宝石就足以展示天地万物之优美。"无疑，透过小小的矿石，可以看到大自然的美丽和奇妙，也可以看到它的深不可测，进而看到人类认识的局限。无论是找出自然规律，还是通过科学规律去改造自然，在具有真正洪荒之力的大自然面前，人们必须要有发自内心的尊重。

和自然对话，能让我们更深刻意识到自然对人类的意义，体会到探索自然奥秘的乐趣。在植物化石中，辽宁古果和中华古果是中国发现的"第一朵花"化石，也是早期被子植物的代表。被子植物的出现，为人类提供了丰富的衣食之源，世界因此变得姹紫嫣红、绚丽多彩。揭开恐龙灭绝之谜一直是人类探究地球历史的一块重要拼图。曾经的地球"霸主"恐龙和其他爬行动物一起统治着长达几亿年的地球中生代，但在距今6500万年前的中生代末期突然消失了，成为地球进化的一个谜题。如今，在长着羽毛的中华龙鸟、原始祖鸟这些中生代长羽毛恐龙和早期鸟类化石的佐证下，大多数古生物学家达成共识——鸟类就是由小型兽脚类恐龙演化而来的，进而提出了恐龙实际上并没有灭绝、"鸟类就是现生的恐龙"的有力假说。

　　和自然对话，还可以更加清晰认识人类自身在生命发展历史中的坐标。地球形成于距今约46亿年，地球上的生命大约出现于38亿年前，比较可信的早期生命化石是发现的距今35亿年的古细菌化石。经过漫长的进化，脊椎动物中的某些鱼类产生了适应于陆地生活的肺和四肢，由此演化出的两栖动物，登上了陆地，成为地球生物进化史上的主角。人类作为高级哺乳动物，具有语言和思维功能，能制造工具，但在地球生命的进化史上，人类的发展历史还十分短暂，科学估算的300万年人类历史，和恐龙繁盛的历史相比，甚至都不止秒和分的量级差距。我们的某一支先祖，属于晚期智人的山顶洞人，3万年前的时候仍旧在用穿孔的动物牙齿和骨针作为装饰，或缝制兽皮遮蔽身体；而人类真正进入文明社会，不过几千年的光景。

　　从这样的时间尺度看，人类足可为自己的进步速度骄傲。与此同时，人类也更应该存有敬畏之心，我们对繁衍自身的星球还远远谈不上了解——如果不希望人类文明昙花一现，对于自然，我们需要用心去沟通。

《人民日报》2016年8月29日第20版

科技沿着科幻前进?

科幻和科学的一个很重要的共同点是
都体现了人类不断突破自我的本能追求

前不久,微软邀请了9位世界科幻小说家参观微软在全球各地的研究院。这些小说家就量子计算、预测分析、机器学习、人工智能、虚拟传送以及情感计算等与研究人员面对面交流,并由此受到启发,共同创作了一本长达239页的科幻小说集。

人们大都认同,科学背景是科幻作品存在的前提,也是其合理想象能够吸引人的基础,同时,"科幻作品与科学技术的关系是相辅相成的。拥有强有力的技术后盾和背景能让科幻作品'硬派'而精彩,而科幻作品能为技术研发提供无尽的灵感"。

就科幻对科学的启发和帮助来说,实际的情况或许超乎人们的估计。回顾科学探索的进步和科技的发展,科学幻想似乎在某种程度上给科学指明了方向。望远镜和天文望远镜是幻想中的"千里眼",手机可以看作"顺风耳","腾云驾雾"被飞机乃至火箭和飞船实现了,《海底两万里》中的潜水艇后来也变成了现实,克隆人在技术上或许也不是太大的问题。还有个经典的例子,就是著名科幻作家阿西莫夫设计的"机器人三大定律",不少人工智能和机器人领域的技术专家也都认同这个机器人的安全准则……

仔细想来,科幻和科学的一个很重要的共同点是都体现了人类不断突破自我的本能追求——在思想上更加了解自然的规律,在能力上拓展身体各种物理功能。《星球大战》里的角色能够理解和使用无数种宇宙语言，《星际迷航》里十分抢眼的通用翻译器，都曾是不少科学家们的灵感源泉，激发了他们对语音技术的梦想。这也可以理解为什么造出跟人一模一样的智能机器人，一直是科学家们长久以来的梦想——因为人们确实始终幻想有一个更加强大的自己。

当然，科幻和科学最大的不同，在于一个是想象，一个是实践。想象是瞬时的、美妙的，实践很可能是漫长的、枯燥的，以至于有科学家说，"我们每个人都知道目标在哪里，只是没想到实现它要花这么长的时间"。

就像最近这一两年人工智能突然爆发，在语音识别和计算机视觉技术研究上取得不少突破，并已经成功应用在全球至少几亿人的生活中。人工智能虚拟助手、实时翻译、语音搜索、人脸识别等，都已经从虚构变成现实，计算机已经能够听懂人说话，看懂多彩的世界。但今天这些飞速的发展，要归功于人工智能几十年来的研究积累和长久以来每一天的进步。

也正因为如此，我们要为下一个"技术进步的黄金时代"提前投资，也就是"通过更多的基础研究和科技创新来投资未来"。这种对未来的投资可以给个人、企业乃至整个社会都带来丰厚的红利，当然也可以让科幻完成向科学的真正完美转身。

《人民日报》2016 年 2 月 22 日 第 20 版

寻找科幻到科学的虫洞

"科学情怀"既包括"内心深处应该有对宇宙广阔时空的敬畏感",也包括对科幻在科学层面的理解和尊重

正在热映的美国科幻大片《星际穿越》里,由于黑洞引力的存在,人类在未知星球上遭遇到遮天蔽日的周期性巨浪。同样,这部号称史上"最科学的科幻电影",在社交网络上也掀起了热浪——微信朋友圈被《星际穿越》的各种"烧脑级"影评刷屏,物理学家和天文学家忙着"吐槽"电影中哪些情节违背了物理知识,关于黑洞、虫洞、高维空间和时间旅行等概念的科普文章一直保持着高阅读量……

有意思的是,人们居然会更关注一部电影的"科学成分"多过对剧情和特效的兴趣。这部电影的标志性人物既不是导演也不是主演,却是影片的科学顾问、74岁的理论和天体物理学家基普·索恩,这也是一个重要辅证。作为黑洞研究领域的世界顶尖专家,基普·索恩和计算机艺术家团队合作,构建出了被认为最接近真实的黑洞,甚至最后看到计算机创造出来的黑洞形象,连他自己都感到震撼。这个具有严密科学逻辑的"黑洞"也成为电影"科学内核"的最核心部分。据说因为拍摄《星际穿越》,导演团队至少可以发两篇论文,一篇关于黑洞物理,一篇关于计算机图形。

为此,一个老掉牙式的问题也再次被提出:为什么我们自己拍不出这种叫好又叫座、即使看不懂也要努力去理解的科幻影视作品?另一个鲜明的对比也让人疑惑:在国产电影的大片榜上,科幻

片往往是非主流甚至是"濒危保护动物"，而在每年从美国好莱坞引进的票房大片中，科幻电影却又是主流。这种情形也发生在科幻小说等类似作品中。中国的本土科幻小说曾经有过黄金岁月，但如今鲜有让人激动的作品。有评价说，一部《三体》撑起了近些年的中国科幻小说。这个说法不见得全面，但也恰恰说明，像《三体》一样脍炙人口的作品是多么缺乏。

从《星际穿越》引发的科学求知热看，科幻作品显然并不缺少支持者，科幻乃至科学"粉丝"数量之庞大也超出了人们的预料。缺失的，是吸引人的作品；缺位的，是一群愿意和能够创作出好作品的人。造成这种缺失和缺位的众多原因中，有一个不容忽视但又常常被忽略的因素是：我们以往对科幻的认知太过表面和僵化，也低估了科学本身的魅力和人们自身的好奇心、求知欲。因而在创作科幻作品上，缺少"科学情怀"，这种"科学情怀"既包括"内心深处应该有对宇宙广阔时空的敬畏感"，也包括对科幻在科学层面的理解和尊重。这种"科学情怀"，就像《星际穿越》中实现宇宙星际旅行的"虫洞"，能够打通科幻与科学的隔膜，使科幻作品不流于浅俗，能够唤起人们内心的共鸣，真正激发起人们的兴趣。

《星际穿越》是一个值得学习的样本，它充满着令人敬佩的科学情怀。"电影里当然会有一些推测，但所有那些疯狂的推测都必须源于科学，而非来自某位编剧的一拍脑门。"就像基普·索恩在论文《虫洞、时间机器和弱能量条件》中说的："本文讨论的是，如果物理法则允许一个高级文明智慧生物在空间中制造和维持一个虫洞，那么这个虫洞将被改造成违背因果律的时间机器用于星际航行。"尽管看起来如此科幻，但由于体现了建立在爱因斯坦场方程上的严密推导过程，该论文仍被刊登在顶级物理学杂志上。这样的"科学情怀"也真让人向往。

诺奖的三大"提醒"

• 科学研究不必一味追求高深莫测、玄之又玄的领域

• "小人物"也能拿诺贝尔科学奖，真正
有价值的创造只能出自对科学探索的坚守

• "制造"工具和借助工具发现自然奥秘一样重要

2014年诺贝尔自然科学奖奖项陆续揭晓后，各种热评不断。也难怪，作为这个星球上迄今最具说服力的科学大奖，诺贝尔科学奖的魅力超越了科学的专业壁垒，成为吸引全世界目光的热点新闻。

对关心诺贝尔科学奖的中国公众来说，4名华裔科学家获奖预测的落空，或是热烈讨论中国科学家离诺贝尔科学奖究竟还有多远，都算是与诺贝尔科学奖拉近距离的表现。综合归纳各种评论特别是来自学术圈的分析和解读，今年的诺贝尔科学奖或许对中国的科学家们给出了下面三个特别"提醒"。

一是科学研究不必一味追求高深莫测、玄之又玄的领域。诺贝尔科学奖并非科学研究的目的和终点，但即便真的有人将获得诺贝尔科学奖作为研究的最大动力，那么这条诺贝尔科学奖的规律依然成立：能够在基础研究领域获得重大突破自然激动人心，比如这次诺贝尔生理学或医学奖颁给了发现大脑定位系统的3位科学家，但如果有发明创造能够造福人类，也会是众望所归。

今年的诺贝尔物理学奖由发明了蓝色发光二极管（LED）的日本科学家赤崎勇、天野浩和美籍日裔科学家中村修二分享。正是蓝色LED的发明，集齐红、绿、蓝三原色，使得节能低耗的LED照明

真正惠及全人类，"照亮"21世纪。这个已在生活中广泛使用的新型光源，其发明有着堪比爱迪生发明电灯的意义。

二是"小人物"也能拿诺贝尔科学奖，真正有价值的创造只能出自对科学探索的坚守，而不是在乎论文和各种量化指标。有科学家评论，这次诺贝尔物理学奖的获得者之一中村修二，从履历和研究经历看，似乎只是一个科学界的小人物。他自己曾打趣说，因为大公司的研发力量把山头都占满了，竞争太激烈，只有另辟蹊径走别人不走的路。

对此，可以借用中国科学院黄庆研究员一段有趣的评述："中村修二是一个公司的普通职员而已，发明蓝色激光器之前他也只是日本一个不知名大学（德岛大学）毕业的硕士生。回想到2002年诺贝尔化学奖颁给日本的田中耕一，一时间世界化学家们都不知道这个人是谁，日本化学界也都茫然地面对记者的提问，后来才知道田中耕一只是岛津制造所的一个小职员，本科生学历，所发表的关于测定蛋白质质量的论文也只是登载在日本一个小刊物上。"

可以这么说，无论是个人还是学术大环境，应当让科学成为"充满冒险、乐趣、坚守和奉献的探索之旅"，而不是"急功近利炫耀的舞台"。

三是跨界或者交叉已经是现代科学突破的应有之义，在基础理论难有重大创新的今天，"制造"工具和借助工具发现自然奥秘一样重要。从这一届的诺贝尔科学奖来看，科学的进步在尖端领域已经很难区分具体属于什么学科。本次诺贝尔化学奖钟情于3位在"发展超高分辨荧光显微镜"上作出贡献的科学家，有科学同行评价他们，"得奖的工作反映现代科学的交叉：实际上是物理学研究、目的是观察化学分子、用途是生物医学研究，所以横跨物理、化学和生物"。

获得诺贝尔化学奖的这个成果，可以形容为制造人类揭开微观世界面纱的工具，将肉眼所能分辨的0.1毫米的尺度，拓展到纳米级，一个重要的作用就是在更微观的尺度观察生命体存活的自然状态。此前，诺贝尔物理学奖也曾两次颁给显微镜设计领域的科学家。

这也提醒科学家们，条条大路可能都通往科学圣殿，就看能不能坚持走完。这一点，从今年诺贝尔化学奖得主贝齐格身上也能看到——在失业时，他把仪器搬到了搭档家中，继续那个后来帮助获得诺贝尔科学奖的实验。

《人民日报》2014 年 10 月 13 日 第 20 版

我们为什么去深海

借助逐步提高的深海技术，

深海海底蕴藏的丰富矿产也正"浮出水面"，

有助于解决人类资源能源日益匮乏的难题

"中国蛟龙"如今正赶赴太平洋5000米深海，尝试新纪录的突破。5000米深度的载人深潜试验，是此前3759米成功后的延续，也是未来冲击7000米深度最终目标的必经积累。5000米的深度背后，将是70%全球海洋洋底的畅行无阻。7000米，这个数字则是99.99%。

相对于99.99%，人类至今对深海的了解甚至可能不到1%。毫无疑问，和"世界载人深潜俱乐部"的四个发达国家一样，"中国蛟龙"潜海，是带着对深海的无穷向往和好奇之心下潜的。

在专业人士眼里，海平面1000米以下才能叫深海。对人类而言，那里漆黑一片，寒冷，寂寞。但看似孤寂的环境，却蕴藏着海洋最丰富多彩的世界。那里惊心动魄，大大小小的海底地震、海底火山喷发持续不断；那里奇异瑰丽，无数不知名的深海生物，摆动着美丽身段，摇曳生姿；那里也上演着和陆地上完全不同的生存故事，生物能忍受200摄氏度高温，能够悠然呼吸着二氧化硫剧毒气体……这里可能隐藏着解开地球起源奥秘的钥匙。

在许多科学未知之谜待解的同时，借助逐步提高的深海技术，深海海底蕴藏的丰富矿产也正"浮出水面"，有助于解决人类资源能源日益匮乏的难题。日本在太平洋海底发现大量稀土资源的消息不久前占据东京地区主要报纸的头版显著位置：日本东京大学的研究小组发现，太平洋中部及东南部的大部分公海海域3500米至6000米深海底淤泥中含有大量稀土资源，可开采量约是陆地稀土储量的800倍。在全世界，利用水下机器人和载人深潜器，许多发达国家也在不断积累对深海海底的资源认知度。

在中国大洋科考多年的艰苦积累下，在按照有关国际公约将部分矿区捐赠给国际社会后，我国已在太平洋国际海底区域拥有优先勘探权和商业开采权的7.5万平方公里海底矿区，也正是此次"蛟龙号"载人深潜的目标区域。矿藏勘探优先，既是责任也是义务，我国负有对这片区域进行详细调查和环境评价的义务，这也是"蛟龙号"深潜试验的任务之一。

梦想需要承载。毫无疑问，以载人深潜器为代表的高科技深海装备可堪重任。有人把载人深潜器比作天上的飞船，把深潜器里的潜航员比作航天员，因为在深海需要承受的风险和压力并不比在天上小。正是在深海梦想的激励下，中国人"可下五洋捉鳖"的梦想已经成为现实，如今我们正在往更深处潜行。

《人民日报》2011年7月11日第20版

我们为什么关注南极

在这间最大的天然实验室中，

人类的科学研究，正踏着理性的脚步，步步推进

一所在北半球的中国大学，为什么擅长研究南极冰架？为什么我们会饶有兴致地去关注地球最南端发生的事情？答案也许不那么简单。

不久前，在完成南极年度科考回国的"雪龙"号上，我见到了久违的魏福海。第二十五次南极科考时，我们曾当过半年队友，时隔近7年再见，他容貌变化不大，就是脸黑红了些，开始跟他的前辈们"媲美"。

但他的另一种变化不小：当初青涩的80后机械师，如今已是南极科考内陆队队长、南极昆仑站站长、首任南极泰山站站长。南极内陆队需要挺进南极深处的高海拔冰盖，得在高寒、低氧和超强紫外线的环境下苦中作乐。能当上一队之长，说明他的经验已然足够丰富、意志足够坚强。由于任务需要，魏福海这次在南极大陆连续待了十七八个月，远超往常越冬的一年时间。

除了像魏福海这样从事南极科考的专业人士，还有很多去过南极大陆很多次的"老南极"——科学家、船员、飞行员、医生……他们关注南极，想必也有自己的原因。

在首个中国南极科考站长城站建成30年后，如今中国又在着手第五个考察站的建设。如何解释这种不远万里的国家行为？依然和

为什么关注南极有关。

当几百乃至几千几万平方公里的冰架缓缓崩塌落入海中，地动山摇间巨浪迸发，这样的奇观让人无限向往。人类对南极的好奇心，可以从1911年到1912年初的那场竞赛中看出——挪威人阿蒙森和英国人斯科特分别率队进发，试图成为第一个到达南极点的人。百年后的今天，尽管这场竞赛早已远去，但南极点的"阿蒙森-斯科特"科考站，仍用其所标注的勇气，鼓励更多的人去南极展开科学探险。

是的，除了人类最初始的好奇心，如果要找寻一个最有意义的关注南极的理由，非科学莫属。

在科学家们的眼里，南极是个天然的科学实验室，"南极硕大无朋的亘古冰盖，如同一座蕴藏着无数历史上大气和气候宝贵信息的图书馆；南极也是最好的研究地球空间的地区；除了大气，南极还是世界上最好的研究宇宙的地方……"

而在这间最大的天然实验室中，人类的科学研究，也正踏着理性的脚步，步步推进。魏福海和其他队员刚刚在昆仑站安装了第二台南极天文望远镜，观测范围可覆盖整个南半球天空。作为公认的地球上最佳的天文台之一，这里能够探索宇宙深空、观测暗物质。魏福海的前任——首任昆仑站站长李院生最大的梦想，则是在昆仑站所在的冰穹A地区打到3000米以上的古老深冰芯，来回溯100万到150万年南极气候的连续记录，这对于重建地球100万到150万年长周期气候记录，意义非凡。

如果说这些科学研究离大众太遥远，那么南极中山站科考队员的日常工作则更容易理解。从凌晨两点开始，他们每6小时记录一次气象数据，并将其报给世界气象组织。有了锁住世界约70%的淡水的南极地区的数据，全球的天气预报会更加准确。

其实，从1998年以来，全球地表平均温度上升停滞。为何二氧化碳排放越来越多，气温却停滞不升？当前有个猜想——地球正是通过极地冰盖来吸收热量，实现自我调剂。若这个猜想得以证实，无疑将对人类发展产生深远影响。

这么看，南极离我们，真的不远。

《人民日报》2015 年 5 月 6 日 第 16 版

梦想可以挑战任何深度

仰头看天是对太空的无限向往，

俯视看海是对深海奥秘的未知求索

6月24日这一天，如果问一个中国人：梦想有多高，有多深？给出的答案或许会是这样：像"天宫"飞得那么高，像"蛟龙"潜得那么深。同一天内，中国人创造了"上天""入海"的两个新纪录。"可上九天揽月，可下五洋捉鳖"的梦想已成为现实。

"神九"航天员刘旺创造了中国航天员首次"开飞船"的纪录，冷静、精确地驾驶飞船与天宫一号完成首次手控交会对接；叶聪等三名潜航员也驾驭"蛟龙"成功到达西太平洋马里亚纳海沟7000多米深处，在世界最深海沟刻下中国载人深潜的最深纪录，这甚至也是世界上同类型科学调查载人深潜的纪录。

这意味着，尽管海洋浩瀚无边，但长不到10米的"蛟龙"却已可以纵横99%以上的深海洋底。

如果说仰头看天是对太空的无限向往，俯视看海则是对深海奥秘的未知求索。"蛟龙"承载着探索深海的梦想下潜，成功到达7000米水深处，是深海技术发展的新突破和重大跨越，也意味着深海梦想到达了又一个新的深度。人类无时无刻不想解开地球和自身起源的奥秘，探索深海或许就是这把打开梦想之门的钥匙。

与对宇宙的认知相比，人类对自己赖以生存的海洋不见得懂得更多，甚至可能更少。海平面千米甚至几千米以下的深海世界，漆黑、寒冷、寂寞。看似孤寂的环境，却是多姿多彩、美丽得让人惊心动魄的生命世界，也上演着和陆地上完全不同的生存故事——高温下依然有生物生存，像陆地生物呼吸氧气一般悠然呼吸着二氧化硫等剧毒气体——用之前抵达6900多米海底的"蛟龙"号潜航员唐嘉陵的话形容，"人类在月球上留下的印迹都比在这里要多，我感觉自己好像乘坐太空飞船到了外星球"。

实现梦想，必然还需要有坚持梦想的勇气。身处7000米海底的"蛟龙"承受着相当于每平方米7000吨①的压力，三名潜航员也承担着同样的风险和压力，这份压力也扛在为中国载人深潜事业和深海科学事业打拼的几代人肩上。与中国航天精神和载人航天精神一样，"严谨求实、团结协作、拼搏奉献、勇攀高峰"的中国载人深潜精神也将随着"蛟龙"的横空出世为更多人所熟知。

在"蛟龙"潜航员于7000米海底向距离地球343公里的航天员问好祝福之后，完成手控交会对接后再次进入"天宫"生活的航天员们也在太空中向刚刚刷新纪录的"蛟龙"致以问候。相隔几百公里远的海天互动，成了今天中国人最为难忘的一幕。这一刻，梦想既高且深，但它就在我们的身边。

《人民日报》2012年6月25日第8版

---

① 大约为 7×10^7 牛。

心有多大　海有多深

多往海洋撒点好奇的种子，

获得的果实将会很丰厚

　　地球上最长最大的山脉是哪座？这个问题也许能迷惑很多人。原因是这座叫作中央海岭的山脉并不在陆地上，而是静静地横亘在海底。在科学家们不断寻找人类进化证据的同时，他们的眼光也紧盯着海洋，因为生命的起源很可能最初发生在海洋。

　　海洋，正逐渐成为人们熟悉的字眼。这段时间，北极一直是全世界瞩目的焦点，由深海科技作为支撑的北极之争愈演愈烈，人们的好奇心也越来越浓。而亘古不化的冰雪南极从人类留下第一个脚印以来，一直是媒体热衷报道的对象。对于占据地球表面积约70%的海洋，人类有多大的好奇心，它就可以满足多大的好奇心。

　　对中国这个海洋大国而言，尽管六七千年前河姆渡先民已经吃上海鱼，约600年前世界最早的航海家之一郑和七下西洋，人们对海洋的兴趣和长达1.8万公里的大陆海岸线似乎依然无法匹配。

　　或许是可供耕作的土地太肥沃了，对海洋的好奇心就减少了许多。秦始皇派徐福出海是为了寻找长生不老药，除了沿海一些地区的穷山恶水，他并不发愁在这么大的疆域中，老百姓会没有饭吃。后来明朝有了海禁，即使是再后来李鸿章建立了北洋水师，依然是把近海当成海洋来看待。而在另外一个文明聚居地古希腊，因为生存环境的恶劣，人们已经习惯了从横跨海峡的商船上买下来自遥远国度的物品。

也可能是因为我们的现代海洋科技发展曾经落后许多，即便有好奇心，也无法满足。"查清中国海、进军三大洋、登上南极洲"是中国几代科学家的夙愿。但我们登上南极洲只有20多年，在北极建立科考站是在本世纪初，而"进军三大洋"的梦想在两年前才实现。和那些海洋科技发达的国家相比，我们确实是晚了一些，但面临的海洋问题却并没有延迟。

我们的海洋环境污染问题仍旧让人揪心。渤海这个水交换能力很差的内海，如果不采取措施，即使不再排入一滴污水，仅靠与外界水体交换来恢复清洁，至少需要200年，而向海里排入污水的速度却不断在加快。如果将眼光越过岛链，投向太平洋、大西洋、印度洋的话，会发现碧空下的蓝色大洋并非是寂静一片，那里正涌动着深海科学和海底矿藏探索的热潮。

如果人们现在愿意多往海洋撒点好奇的种子，获得的果实将会很丰厚。参加大洋科考的中国科学家会不厌其烦地告诉你，在几千米深的深海海底，即使是400摄氏度的高温下，依然有生物存在，它们讨厌氧气，反而靠有毒的高浓度硫化氢气体生活；预计在10月启程的中国第24次南极考察队的科学家也会解释，在南极大陆的核心地带建立我们的第一座内陆科考站需要有什么样的准备，为什么站在那个冰穹上能看到最清楚的星星。如果好奇心足够激起人们保护海洋、关注海洋的意识，那么，这些种子真的是发芽了。

《人民日报》2007 年 8 月 30 日 第 14 版

激荡我们的探索之心

科技创新与科学普及两翼齐飞，

我们的创新事业就会更加天高任飞，

如同航天探索事业，不断向着更远更深的星空迈进

12月27日晚，昵称"胖五"的长征五号遥三运载火箭，在海南文昌成功发射，将所搭载的卫星送入预定轨道。时隔两年多，"胖五"归来，这是中国航天人酣畅淋漓的胜利，也是受挫再战的奋起。它将为我国空间站建设、火星探测和嫦娥五号月球取样返回等重大任务打下坚实基础，让步入21世纪第二个十年的中国航天能够继续蹄疾步稳、奋勇向前。

"胖五"飞向大气层的身影，投射出中国航天人追梦奔跑的姿态，也激荡起普通人心头的梦想涟漪。在距离发射塔架几公里的海滩上，上万名从全国各地赶来目睹火箭发射的人们笑着、跳着、欢呼着；在互联网上，"胖五"是当时最热门的科技话题和最令人自豪的中国创新。火箭起飞那刻，许多孩子的科学梦想从此起航，无数人奋发向上的热情油然而生。

激发梦想、鼓励探索，每一次重大航天任务，对公众来说都是一场赏心悦目、收获丰硕的科技盛宴。嫦娥四号月球探测器实现人类探测器首次月背软着陆，玉兔二号成为人类在月面工作时间最长的月球车，长征十一号运载火箭填补了我国运载火箭海上发射的空白，北斗三号全球系统核心星座部署完成……2019年，中国航天成就举世瞩目，也对提高全民科学素质助力良多。人们不仅熟悉"胖

五""嫦娥""玉兔"这些名字，对它们背后的故事也不陌生。公众对航天事业发展给予有力支持，正是因为他们深刻理解航天事业的重要价值。创新的后劲离不开一支规模宏大的高素质创新大军，而支撑这支大军的力量，必然包括国民科学素质的普遍提高。

随着我国国民科学素质水平进入快速提升阶段，公众对科普活动和相关文艺作品的要求越来越高，公众亲近科学的形式也逐渐多元化。例如青少年与航天员面对面，呈现更热烈的"追星"场面；硬科幻电影《流浪地球》，助力中国科幻电影跃上新台阶；江苏卫视推出的国内首档大型科幻科普综艺节目《从地球出发》，将科幻落脚到科学，在天马行空的想象中注入科学知识……未来，正如节目主创的初衷，我们仍需推出更多包含有硬科技支撑、有科学含量的活动或节目，来提升科学素养、普及科学精神，这对公众尤其是对提高广大青少年的科学探索兴趣和创新意识具有积极作用。这是《从地球出发》的目标，也是科普教育的意义所在。

科技创新、科学普及是实现创新发展的两翼，要把科学普及放在与科技创新同等重要的位置。两翼齐飞，我们的创新事业就会更加天高任飞，如同航天探索事业，不断向着更远更深的星空迈进。

《人民日报》2019 年 12 月 30 日 第 14 版

给孩子的梦想插上科技的翅膀

孩子是创新的未来，要通过
科学知识的普及、科学方法的培养、科学精神的浇灌，
给孩子们的梦想插上科技的翅膀

"当科学家是无数中国孩子的梦想，我们要让科技工作成为富有吸引力的工作、成为孩子们尊崇向往的职业，给孩子们的梦想插上科技的翅膀，让未来祖国的科技天地群英荟萃，让未来科学的浩瀚星空群星闪耀！"习近平总书记在两院院士大会上的这一重要论述饱含殷切期望。

孩子是祖国的未来、民族的希望，孩子们多彩的梦想赋予未来更多的可能。探索科学的奥秘，无疑是栖居在孩子们心头最美好的梦想之一。恐龙是怎么灭绝的？地心世界什么样？外星球有没有生命存在？孩子们问出的"十万个为什么"，既是好奇心的体现，也可能是他们未来孜孜不倦破解科学难题的动力。许多科学大家都曾提及，他们对科学的兴趣始于孩提时代。比如，我国载人航天工程总设计师周建平就是因为小时候看见了夜空中的中国首颗人造地球卫星，从此点燃了自己的科学梦想，并不断开拓着自己乃至国家的航天梦。从小培养孩子们对科学的热爱，不仅会影响他们一生，也会影响国家和民族的创新事业。我们不仅要让更多孩子拥有科学梦想，更要创造条件让梦想的种子生根发芽，长成参天大树，让孩子们更好地圆梦。

让孩子们对科学由好奇心产生兴趣，由兴趣变为梦想并最终实

现梦想，我们需要做的有很多。要给孩子们探索世界的眼睛，让他们接触科学，感受它的神奇魅力，并产生浓厚兴趣；要赋予孩子们探索世界的大脑，培养他们的科学思维，使他们在创新的海洋中自如前行。尤为重要的是，还要告诉他们，在写字本上写下"长大后我要当一名科学家"远远不够，还需要有一颗勇于接受挑战、不惧挫折失败的强大"心脏"，只有为梦想不懈奋斗才有可能最终到达成功的彼岸。

托举孩子们的科学梦想，还要营造崇尚科学、尊重科学家的社会氛围。在现代社会，科学研究已发展成为一种高度复杂、分工明确、需要创新思维的智力型工作，科研工作主要由职业科学家完成。只有让科技工作成为富有吸引力的工作、成为孩子们尊崇向往的职业，才会让他们对自己的选择更有信心。只有全社会给予科技工作者充分尊重，让追求真理的科学家成为孩子们的偶像，才能让他们追求科学的步伐更加坚定。

孩子是创新的未来，科学要从娃娃抓起。随着世界科技强国建设的不断推进，未来的科技事业对人才会更加渴求。通过科学知识的普及、科学方法的培养、科学精神的浇灌，给孩子们的梦想插上科技的翅膀，未来他们就能在祖国的科技天地、科学的浩瀚星空挥写最美的创新画卷。

《人民日报》2018 年 6 月 22 日 第 20 版

第三章

自立自强

　　中国科技发展的历史就是自立自强的光辉篇章。从一穷二白起步，到"两弹一星"奠定大国基础；从北京正负电子对撞机、超级计算机、人造太阳，到蛟龙、C919、神舟、嫦娥、北斗、天问、天眼……一个个大国重器闪耀着自主创新的光彩，映照着"可上九天揽月、可下五洋捉鳖"的豪情，也展现着中国科技一路赶超的足迹。每一个中国人都为此无比自豪，并从中汲取着奋斗干事的精神力量。

　　在众多的中国创新中，航天事业是一代又一代科技工作者攀登科技高峰的缩影和典范。空间站利用太空特殊条件建造国家太空实验室，取样 1731 克月球样本返回地球探究太阳系奥秘，天问一号登陆遥远火星开启行星际探索先声……仰望星空，脚踏实地，梦想和智慧的交织，以航天为代表的各个领域的不断突破，将继续助力中国科技实现高水平自立自强。

空间站建造彰显科技自立自强

面向未来，脚踏实地，
我们一定能够探寻到更多的宇宙奥秘，
开创新的辉煌

2021年4月29日11时23分，是我国航天史上值得书写的又一重要时刻。从南海之滨的中国文昌航天发射场出发，长征五号B大推力运载火箭以万钧之力，将我国空间站核心舱成功送入太空。仰望星空，名为"天和"的核心舱正在沿地球轨道翩然而飞，中国人探索浩瀚宇宙的崭新步伐，让人击节喝彩。

天和核心舱成功进驻太空，为中国空间站的"太空施工"交出了完美的第一棒。天和核心舱是我国迄今为止最大的航天器，好比空间站建造的第一块也是最重要的一块"积木"，它进驻太空，标志着中国空间站在轨组装建造全面展开。核心舱已有能力支持航天员叩访太空并长时间生活。这也意味着我国载人航天工程"三步走"战略稳稳迈开了第三步——建造空间站。从去年长征五号B运载火箭首飞揭开空间站建造大幕，到这次核心舱发射升空，我国载人航天真正迎来了空间站时代。

空间站的建成和运营将成为创新型国家建设的重要标志。在近地轨道建造空间站，具有很大的挑战性，也有丰厚的收获。中国空间站建成后，既是航天员的"太空之家"，也是科学研究的"太空实验室"。一流的太空实验和科学探索平台，独特而珍贵的太空环境和资源，将为科学家取得重大突破提供有力保障。航天技术的飞跃发展，加快了人类探索、开发、利用宇宙的步伐，带动众多科学和工程技术领域的进步和突破，推动航天成果广泛应用于经济社会领域，造福人们的美好生活。

　　我国载人航天走的是一条艰苦卓绝的科技自立自强之路，彰显了中国人的智慧和勇气，凝聚着无数人的心血和汗水。经过近30年的不懈努力，载人航天工程通过"神舟""天宫""天舟"等历次飞行任务，先后突破掌握了天地往返、空间出舱、交会对接、"太空加油"等关键技术，为空间站建造奠定了坚实基础。载人航天工程"三步走"战略立足自身条件，既考量当时的科技实力，也对未来发展趋势有所前瞻。这使得中国空间站能够秉持规模适度、安全可靠、技术先进、经济高效的理念，力争站在一个更高的起点上，完成更多的太空科学研究和探索。

　　建造空间站是我国探索近地空间的一个壮举，核心舱发射的成功，是良好的开局，也是更多挑战的开始。不久之后，天和核心舱将首次接受货运飞船和载人飞船的造访；到2022年前后空间站完全建成，还面临着10次高密度发射和高风险的太空在轨建造任务……对无止境的太空探索来说，空间站只是未来征程中的一个新起点。面向未来，脚踏实地，我们一定能够探寻到更多的宇宙奥秘，开创新的辉煌。

《人民日报》 2021 年 4 月 30 日 第 14 版

飞天梦想映照大国担当

飞天梦想不仅点燃了每一个中国人的热情，
也映照了整个国家的自信、执着和担当

　　这是又一次激动人心的问天壮举。6月17日9时22分，与预告时间分秒不差，长征二号F运载火箭成功将神舟十二号载人飞船送入预定轨道。3名中国航天员驾乘飞船飞向太空，成为中国空间站天和核心舱的首批"太空访客"。这是阔别5年后，中国航天员再次飞出大气层，极具标志性意义——中国人首次进入自己的空间站进行3个月的太空生活，表明中国航天已身处空间站时代，正向着既定的探索目标稳步前行。

　　适逢党的百年华诞，在中国载人航天即将跨入第三十个年头之际，神舟十二号载人飞船的顺利升空，唤起了中国人更多的激情和格外的感佩。人们从电视、手机等各种屏幕上目睹航天员出征的风采，或是长途跋涉赶到发射场亲眼见证发射场景……神舟十二号载人飞船的发射和航天员造访空间站，成为广受关注的焦点。仰望浩渺星空，追寻光辉历史，这样一种感受特别深刻：飞天梦想不仅点燃了每一个中国人的热情，也映照了整个国家的自信、执着和担当。

　　拥抱空间站时代，自信的足音最有力。从神舟一号到神舟十二号，中国载人航天一路走来，证明了中国科技的自立自强，增强了中国人对实现高水平科技自立自强的自信。这份自信，既体现在中国载人航天"三步走"规划从容按照自己的节奏突破一系列关键技术，使得中国空间站具备鲜明的中国特色和时代特征，也反映在神舟十二号以及此前神舟号的几次发射，都提前宣布发射时间并精准到分。"我们会完成好每一次出舱任务，浩瀚太空必将留下更多的中国身影、中国足迹。"神舟十二号航天员脸上自信的微笑，无疑是最好的注脚。

实现飞天梦想，执着坚守最珍贵。从一人一天到多人多天飞行，从短期停留到中期驻留，再到太空生活 3 个月之久，中国载人航天事业的发展历程中，无数人在执着坚守、默默付出。3 次飞天、开跑空间站建设"第一棒"的聂海胜，20 多年来仍坚持训练、时刻准备飞天；汤洪波等待 11 年后，终于一飞冲天。对航天员来说，最大的挑战并不在于艰苦的训练，而在于初心不变、激情不改。如同刘伯明所说，他从 2008 年到等待再次飞向太空的 13 年，也是中国航天人一步一个脚印地将梦想变为现实的执着岁月。

探索浩瀚宇宙，担当最动容。探索宇宙是全人类共同的事业，在近地轨道建造和运营空间站，能够深刻推动科学发现和技术突破，同时也是衡量一个国家经济、科技和综合国力的重要标志。在"和平利用、平等互利、共同发展"的原则牵引下，中国空间站代表着人类向太空不断探索的勇敢与执着，将为人类和平利用太空贡献中国人的智慧和力量。

在万千航天人的托举下，"神十二"航天员 3 个月的太空遨游，将为空间站建造刷新"进度条"。正是这样一次又一次的刷新，使中国人不断抵近和实现飞天梦想，写就了中国载人航天的壮丽篇章。

《人民日报》2021 年 6 月 18 日第 12 版

中国空间站彰显创新精神

迈向空间站时代的大门，

记录着中国航天科技的发展进步，也说明中国走出了

一条促进航天科技发展的成功之路

经过7天的海上航行，专为空间站研制的长征五号B运载火箭于不久前运抵文昌航天发射场，按计划在4月中下旬将把新一代载人飞船试验船送入太空，为后续的载人飞行进行技术试验。这将是长征五号B大火箭的首飞，同时也意味着空间站在轨建造任务从此拉开序幕。

经过近30年的不懈努力、锲而不舍地追逐梦想，中国载人航天已推开空间站时代的大门。从1999年第一艘无人试验飞船神舟一号成功往返太空、2003年中国人第一次飞出地球，到2008年首次太空出舱、2016年33天太空驻留……一个个仿佛仍在昨日的经典瞬间让人难忘，也串起中国人钟情飞天、圆梦飞天的壮美轨迹。如今，空间站梦想近在咫尺，这既是对长久执着的回报和勉励，也将激发我们对更广阔世界的想象、对更辽远深空的探索。

迈向空间站时代的大门，记录着中国航天科技的发展进步，也说明中国走出了一条促进航天科技发展的成功之路。在追逐航天梦想的路上，中国还是追赶者，载人航天"三步走"的规划立足自身条件，不超前、不浮躁，照顾国情，考量当时科技实力，也对未来发展趋势有所前瞻。空间站是中国载人航天工程"三步走"发展战略的第三步。每个阶段水到渠成，写满了一个个梦想与智慧、追求

与勇气交织的故事；每一步扎扎实实，背后是不甘人后的进取精神。这既让人感叹远见者的眼光，也感佩创新者的精神。

如同首任中国载人航天工程总设计师王永志在载人航天工程启动20周年时所描述的那样，空间站的建成和运营将成为我国建设创新型国家的一个重要标志。强烈的创新意识则在规划的蓝图上涂抹出让人叹服的技术突破，积攒出跨越发展的底气和经济高效的产出。一个典型的创新案例是：在空间站建造必需技术——交会对接技术试验中，我国科研人员创造性地研制了天宫一号作为交会对接目标，减少了飞船的发射次数以降低成本，同时提前实现了空间实验室的部分试验目标。

从创新的角度来看，空间站的建设不仅彰显了探索未知的情怀，更重要的是占据未来数十年乃至更长时间的科技制高点。中国载人航天近30年的发展历程，不仅有空间站和航天技术自身的飞跃，还带动众多科学和工程技术领域的进步与突破，带来了航天成果造福社会和普通人的无数美好场景。正因如此，建成和运营的中国空间站，重心将向挖掘科学价值倾斜。它将成为一个国家太空实验室，在如此独特环境下的太空科学技术实验平台上，全世界的科学家都将有机会用珍贵的太空资源致力于科学发现，运用中国的空间站造福人类。

航天任务风险高、难度高，未来要在不到3年时间内连续实施10余次航天飞行任务，来完成建造并运营近地载人空间站并不容易。要实现技术跨越发展、科学应用效益不断提升，空间站阶段任务仍面临不少挑战。对无止境的宇宙探索来说，建成空间站也只是未来征程中的一个起点。和梦想同行的我们，需要更大的智慧和勇气，既仰望星空也脚踏实地，去探寻更多的奥秘，收获更美好的未来。

在和平利用外空领域加强国际合作

中国开放空间站使用生动诠释了合作共赢，

充分体现了开放包容，并始终致力于可持续发展

驻守在空间站的宇航员用机械臂抓住缓缓接近的货运飞船，使其"停泊"在空间站上，以进行太空居住物资和科学实验材料的补给。在地球和空间站之间来回穿梭的，既有载人飞船，也有货运飞船，而且不仅来自一个国家。这样的画面，未来或将在中国空间站经常见到。

近日，中国载人航天工程办公室和联合国外层空间事务办公室联合宣布，17个国家的9个科学项目成为计划在2022年前后建成的中国空间站科学实验首批入选项目。经过层层选拔的首批9个项目，涵盖了空间天文学、空间生命科学与生物技术、航天医学、空间物理、应用新技术等前沿科学领域。这些项目的入选以及后续合作计划的酝酿，标志着中国空间站国际合作进入新阶段，也呼应着去年"联合国外空会议50周年"高级别纪念活动所倡导的价值理念："在和平利用外空领域加强国际合作，以实现命运共同体愿景，为全人类谋福利与利益。"

众所周知，空间站的建设难度、风险、投入都非常巨大。建成后，既是航天员的"太空之家"，也是科学研究的"太空实验室"。占据着科学的"制高点"，这个一流的太空实验平台，将为科学家们取得世界级的重大突破提供机会。中国自主建造空间站，宣布并非只为本国所用，而是为全人类所用。这样的大手笔生动诠释了合作

共赢，充分体现了开放包容，并始终致力于可持续发展，是推动构建人类命运共同体的鲜活写照。联合国官员由衷感叹，认为"中国开放空间站是一个'伟大范例'"。

"伟大范例"背后，是"全球共享太空"的理念和中国实实在在的行动。的确，太空属于全人类，和平利用太空是各国理应秉承的宗旨，但能否进入太空和利用太空还要看是否具备能力。从火箭、飞船、空间站的研制发射以及航天员的培养训练，空间站建造体现了一个国家的航天综合实力，这种实力来自几十年如一日的积累和投入。中国开放空间站使用，一方面将有力促进载人航天国际合作，让更多国家有机会参与载人航天技术研究，跨越技术鸿沟；另一方面，在中国空间站开展的来自全球的科学实验，会进一步促进太空探索和合作，让各国发挥所长，携手做出有益于全人类的丰硕科学成果。毫无疑问，这才是共享太空的真正意义。

被称为"伟大范例"，还在于它秉承构建人类命运共同体的理念，对接着人类探索未知、走向深空的共同梦想。小到我们每一个人，大到整个地球文明，都有探索星际的好奇与向往。空间站的开放，让来自不同国家、不同民族、不同文化背景的科学家们能够探索更加辽远的星空。而这种开放的文明特质，对人类未来探索火星甚至更遥远的星球而言，同样不可或缺。它会像黏合剂一样紧紧将人们凝聚在一起，在共同应对风险挑战中奔向未知的星辰大海。

"来吧，与中国空间站一起飞翔！"想象这样一幅画面：深邃的太空中，蓝色的地球随着时间的流动光影变幻，人类凭借着自己的智慧和勇气，接续飞出地球，飞向灿烂无比而又寂静无声的宇宙深处，而中国空间站，将成为其中一个壮丽的节点。

《人民日报》2019 年 6 月 20 日第 5 版

太空凯旋激荡奋斗足音

从"太空一日"，到"太空90天"，
跨越的不仅是日子，也是中国航天进步的印记；
数出的不仅是天数，也是航天人奔跑的步履

　　从400公里左右高度的中国空间站核心舱出发，一个小小的人类飞行器向着蓝色地球摇曳而下，在天地间划出一条壮丽而优美的轨迹。北京时间2021年9月17日，航天员聂海胜、刘伯明、汤洪波乘坐神舟十二号载人飞船，顺利降落在大漠之中的东风着陆场，回到阔别3个月之久的地球家园。

　　这是时隔5年，神舟载人飞船再次实现中国航天员天地往返的壮举，标志着我国取得了空间站建造阶段首次载人飞行任务的圆满成功，对我国空间站工程按计划推进有着重大意义。神舟十二号航天员在空间站组合体工作生活90天，创造了中国航天员太空驻留时间的新纪录，也为未来的飞行积累了丰富经验。神舟十二号成功归来，刷新了我国空间站建造的进度，也将中国人探索太空的能力提升了一大截。

　　从航天员回到地球出舱那一刻的熟悉笑脸，我们看到的是中国航天的又一次进步。作为空间站阶段首次载人飞行任务，神舟十二号意义重大，成果喜人。搭起"一"字形中国空间站组合体，在太空筑就中国人的"太空新家"；进入中国人自己的空间站，并成功完成两次太空漫步……从"太空一日"，到"太空90天"，跨越的不仅是日子，也是中国航天进步的印记；数出的不仅是天数，也是航天人奔跑的步履。对比中国航天员 7 次"太空出差"的条件和体验，变化的是为实现飞天梦的登攀高度和航天科技的飞跃幅度，不变的是航天人始终心怀"国之大者"，向着科技自立自强一往无前的执着奋进。

从一张张年轻而沉稳、从容而自信的航天人面孔，窥见的是中国航天的精神密码。火箭发射倒计时口令的清脆自信，火箭、飞船总装车间里对一颗颗螺丝钉的小心翼翼，航天员出舱时地面支持小组的全神贯注……从弱水河畔的酒泉卫星发射中心、南海之滨的文昌发射场，到各大航天测控站、大洋之上的航天测量船，是无数航天人共同托举航天员飞天、共同在太空搭建起中国空间站。为了用最可靠、最安全、最温暖的方式迎接航天员归来，着陆场地面搜救队员们常年备战，时时穿越无人区，在高原草地、沙漠戈壁不惧风暴和严寒酷暑，练就过硬搜救本领。几代航天人创造了"特别能吃苦、特别能战斗、特别能攻关、特别能奉献"的载人航天精神，而这种精神又不断激发和推动着一代又一代航天人赤诚奉献、奋斗不止。

从欢乐的天地互动，我们也感受到科技进步、国家富强所带来的美好和喜悦。"太空出差"的经验日趋丰富，不仅使航天员更自信，也让熟悉飞天场景的百姓从航天员的太空生活中找到乐趣。有人笑称"神十二"航天员"太空出差"三个月回来正好赶上过中秋节，航天员和奥运冠军的"天地对话"也被推上了热搜，航天员拍摄的绝美照片更是激起惊叹。太空精彩生活、太空惊艳大片的背后，正是科技创新的力量支撑、以星辰所编织的梦想纽带。这条纽带，激励少年向往太空勇于探索，激励成年人追求进步而努力奋斗，也牵引所有人向着美好的未来出发。

飞天荣耀挥洒中国人的豪迈

新时代中国航天事业无数奋斗者、攀登者努力奔赴星辰大海，

必将激励每一个中国人为自己的梦想奔跑

神舟十二号返回地球一个月后，神舟十三号接续飞往中国人自己的空间站。10月16日凌晨0时23分，头顶大漠月色，3名中国航天员翟志刚、王亚平和叶光富乘坐神舟十三号载人飞船驶向星海，开启为期半年之久的太空驻留。火箭托举飞船腾空而去，照亮天穹，这一刻，凝结了探索与勇气、创新与智慧的人类航天事业，无疑是星空下、地球上最为浪漫的。

飞天梦想的接力，将再次刷新中国空间站建造进度。神舟十三号载人飞行任务承上启下，意义特殊。作为空间站关键技术验证阶段第六次也是最后一次飞行任务，神舟十三号航天员在太空的半年"出差"和忙碌，将为空间站关键技术验证画上句号，为空间站建造阶段的开启打下基础。建造空间站、建成国家太空实验室，是实现我国载人航天工程"三步走"战略的重要目标，是建设科技强国、航天强国的重要引领性工程。在这个目标的牵引下，如今第十三艘神舟飞船飞向太空，航天员第八次飞出地球，次数递增的背后并不简单，体现的是中国人在登天阶梯上的不断攀高。

不断刷新的飞天足迹，彰显了中国航天在创新道路上一往无前的豪迈。2003年10月15日，杨利伟乘坐神舟五号飞船绕地球飞行，中华民族千年飞天梦圆；18年后的几乎同一天，3名"神十三"航天员"太空出差"入住舒适的太空之家。18年间，从"一人一天"，

到"三人半年",从太空出舱,到空间站舱外维修……包含神舟十三号在内的我国载人航天工程八次载人飞行,可以说次次都充满挑战,但也次次都是创新、次次都是跨越。

第一次飞往太空的"神十三"航天员叶光富期待着能从太空饱览祖国的大好河山,到了太空的航天员会"感觉"地球的引力变得微乎其微,祖国的引力却越来越重,凯旋的第一句话总是发自肺腑的"我为祖国感到骄傲"——神舟团队自豪地喊出"以国为重"……正是有千千万万的航天工作者心怀"国之大者"接续奋斗,刚刚走过第六十五个年头的中国航天事业,才能渡过难关、跨过艰险,铸就自立自强的奇迹,更令无数中国人对航天人衷心说上一句"你是我的荣耀"。新时代中国航天事业无数奋斗者、攀登者努力奔赴星辰大海,必将激励每一个中国人为自己的梦想奔跑。

人类探索太空的步伐永无止境。建造空间站,是中国航天事业的重要里程碑,将为人类和平利用太空作出开拓性贡献。中国自主建造的空间站以"天宫"命名,寄寓着中国人的豪迈志气和探索精神。航天员一次又一次在浩渺太空迈开脚步,中华民族追逐自己的飞天梦想勇往直前。

《人民日报》2021年10月16日 第2版

天问一号激扬创新豪情

只要保持创新的决心和勇气，

矢志走一条中国特色自主创新道路，

就能掌握关键领域核心技术，

用科技的自立自强支撑中国的高质量发展

在牛年春节到来之际，从遥远的火星送来一份特殊的新春礼物。经历长达202天的星际旅行，天问一号探测器于北京时间2月10日抵达火星，成为我国第一颗人造火星卫星。近2亿公里外火星上空的这一抹"中国红"，让人们在普天同庆的时刻更添家国情怀，增强了民族自豪感。

成功抵达火星让中国首次探测火星之路走得更加稳当。2020年7月23日，天问一号探测器踏上前往火星的飞行旅程，跨越4.75亿公里后成功进行"太空刹车"，进而环绕火星飞行，几个关键环节的成功让中国的火星探测任务有了更加坚实的基础。作为行星探测的首选目标，火星承载着人类探索地外生命和宇宙奥秘的梦想。天问一号探测器成功发射，迈出了我国自主开展行星探测的第一步，也是中国人走向更远深空的关键一步。从致力于建设几百公里高处的空间站，到深入探索38万多公里远处的月球，再到不辞数亿公里的星际长途跋涉与火星相会，中国航天一步步稳扎稳打，铭刻着为实现深空探索目标的执着努力。

"太空刹车"只有一次机会，天问一号的顺利抵达，既考验了中国航天人的技术能力，也体现了在高风险下敢于创新的志气。太空活动以富有挑战性著称，行星探索尤其具有高风险、高难度的特点。

起步于20世纪60年代的火星探测行动，迄今为止成功率只有一半左右。每26个月一次前往火星的机会，动辄以亿公里计的旅程，超远距离的通信延时，与地球截然不同的复杂陌生环境……还有种种未知的危险，都需要通过一系列技术创新去破解难题。在这个过程中，飞出地球、驻留太空和探测月球等一系列承前启后的技术积累，为火星乃至深空探测打下了技术基础；因应新问题、新挑战而不断创新思路、创新技术，则为实现航天技术、空间科学等领域的创新突破开辟了新路径。这样一种技术上的创新迭代，这样一种向着更高更远目标的不懈追求，体现着不断开拓未知世界的科学精神，更彰显了一个文明古国追求梦想、自我超越的精神劲头。

飞出地球、走向深空的壮举，由好奇心驱使，受人类自身发展需求的牵引，也离不开自主创新的推动。飞行途中，天问一号在距离火星约220万公里处拍下了中国第一张近距离火星照片。这张让无数中国人心生自豪的照片，无疑体现着一个国家的科技水平和创新能力，以及为此而努力不息、创新不止的精神风貌。由天问一号来看科技创新，从嫦娥五号月球取样归来，到中国空间站建设成功首飞；从"奋斗者"号创下10909米中国载人深潜新纪录，到量子计算原型机"九章"实现"量子优越性"……一个个振奋人心的突破，一次次不断刷新的纪录，一项项令人惊叹的成就，记录着中国科技的不断进步。这些都说明，只要保持创新的决心和勇气，矢志走一条中国特色自主创新道路，就能掌握关键领域核心技术，用科技的自立自强支撑中国的高质量发展。

由于火星的亮度变幻无常，让人迷惑，加上当时科学手段还十分有限，古人只能将这颗遥远的红色星球取名为"荧惑"。如今用"天问"去解开"荧惑"，揭开一个个科学谜团，无疑承载着宏大梦想和创新伟力。映照着梦想的光芒，中国将不断实现科技突破，人类将一直向更深更远的太空迈进。

天问着陆火星，刻下中国印迹

火星已在脚下，梦想又一次脚踏实地；

星辰大海在招手，中国航天人再次进发

历经9个多月的长途跋涉，经历惊心动魄的"9分钟"，中国火星探测器天问一号成功着陆在火星表面。这是振奋人心的场景，这是令人自豪的时刻。习近平总书记在贺电中指出："天问一号探测器着陆火星，迈出了我国星际探测征程的重要一步，实现了从地月系到行星际的跨越，在火星上首次留下中国人的印迹，这是我国航天事业发展的又一具有里程碑意义的进展。"

天问一号成功登陆火星，既是我国首次火星探测任务的重要一环，也是奠定任务成功的关键一步。待到"祝融号"火星车驶出，在位于火星北半球的乌托邦平原迈开脚步进行科考时，中国首次火星探索计划也将圆满实现预期目标。从2020年7月23日成功发射揭开我国地外行星探测新篇章，到成为我国第一颗人造火星卫星、首次拍摄火星高清影像，再到实现我国首次地外行星着陆，短短10个月不到的时间内，天问一号创造了我国深空探测领域的一系列新突破，推动我国星际探测再上新台阶，这无疑也是人类航天史上的一次壮举。

踏上遥远的红色星球，彰显着中国航天人执着勇毅的探索精神。火星探测风险高、难度大，长途星际飞行存在不确定性。尤其是着陆火星面临巨大风险考验，在仅有五成左右成功率的人类火星探测任务中，火星着陆是失败率最高的阶段。稀薄而不稳定的火星大气，复杂的火星表面地形，极其严重的火星尘暴，再加上通信延迟，天问一号经历了此次探火旅程中最为艰难的"9分钟"。中国航天器首次登陆火星，就毫发未损过关，令世界惊叹。这背后，是地外行星软着陆等一系列关键技术的保驾护航；这短短几分钟，凝结着中国航天人昼夜不息的攻坚克难、卓越创新。

火星是太阳系中与地球最为相似的行星，也是一颗承载人类最多想象的星球。当前，人类太空活动范围已覆盖太阳、行星及其卫星、小行星等各类型天体。对行星的探测和研究，既能够拓展和延伸人类活动空间，也有助于解开地球自身的秘密，并对地外生命的寻找产生重要影响。作为中国行星探测的第一站，火星探测是从月球到行星探测承前启后的关键环节，肩负着非凡的意义——从火星起步，然后向更遥远的行星及星际进发，无论是发展航天尖端技术还是进行科学的全新探索，乃至满足人们对浩瀚宇宙的好奇心，都将有巨大的收获。此次实现的火星着陆以及后续的火星巡视探测，不仅仅是太空技术的跨越，也是行星科学领域的突破。再接再厉，精心组织实施好火星巡视科学探测，坚持科技自立自强，精心推进行星探测等重大航天工程，加快建设航天强国，我们就一定能为探索宇宙奥秘、促进人类和平与发展作出新的更大贡献！

"火星你好，中国来了！""为祖国航天人点赞"……天问一号登陆火星之时，互联网上一片沸腾，写满对中国航天人的致敬，洋溢着中华儿女的自豪。火星已在脚下，梦想又一次脚踏实地；星辰大海在招手，中国航天人再次进发。我国第一辆火星车即将在火星上闪亮登场，让我们期待"祝融号"的精彩表现。

《人民日报》2021年5月16日第2版

奔向更深更远的太空

对中国航天事业来说，

火星探测任务也是行星探索的起点，

它所迈出的第一步，

代表着走向更远深空的起步

　　抓住 26 个月一次的窗口，令人期待的我国首次火星探测任务即将开启。按照计划，嫦娥五号探测器也有望在今年年底实现从月球采样返回地球……在致力于建设几百公里外的空间站的同时，对 30 万公里远处的月球持续深入探测，不辞数亿公里的星际长途跋涉与火星邂逅，都透露着太空深处的无穷吸引力和为实现深空探索目标所做的执着努力。

　　走向深空，既由好奇心驱使，也受发展需求牵引。从第一颗人造地球卫星上天，到人类足迹首次踏上月球、月球车首次抵达月球背面，再到掀起新一轮以火星为代表的行星探索高潮，人类太空活动的印记几乎已覆盖太阳、行星及其卫星、小行星等各种类型的天体。这些探索活动有力促进了科学新发现和技术新突破，也让人类能够以更广阔的视角来看待地球、审视自己，从而采用更睿智、更可持续的方式树立新的前进坐标。

　　当前，以行星为对象的深空探测之所以获得青睐，重要原因是行星与地球相似。对行星的探测和研究，既能够拓展和延伸人类活动空间，也有助于解开地球自身的秘密，并对地外生命的寻找产生重要影响。以火星探索为例，火星是太阳系中与地球最为相似的行星，是一颗承载人类最多梦想的星球。通过探测火星可获得丰富的第一手科学数据，对研究太阳系起源及演化、生命起源及演化等重大科学问题具有重要意义。火星一直以来也是行星探测的首选目标——从火星起步，然后向更遥远的行星及行星际发展。对中国航天事业来说，火星探测任务也是行星探索的起点，它所迈出的第一步，代表着走向更远深空的起步。

太空活动一向富有挑战性，行星探索尤具高风险、高难度。起步于20世纪60年代的火星探测，迄今成功率也只有一半左右。动辄以亿公里计的旅程，超远距离的通信延时，与地球截然不同的复杂环境，以及种种未知的危险，都需要破解。一方面，必须经历飞出地球、驻留太空和探测月球等一系列承前启后的技术积累，才能更好地打下深空探测技术的基石；另一方面，也需要创新思路、采用新技术，才能加速实现航天技术、空间科学等领域的突破。

人类探索太空的脚步快得惊人。短短几十年间，就实现了从走出地球摇篮，到能够在地球轨道上长久驻留和漫步月球的跨越，并有望在不久的未来踏上火星。据说由于火星的亮度变幻无常，让人迷惑，古人将这颗遥远的红色星球取名为"荧惑"。如今，"天问"即将启程去探究"荧惑"，解开一个个科学奥秘。映照着梦想的探索脚步，也将会奔向更深更远的太空。

《人民日报》2020 年 7 月 22 日第 12 版

自立自强造就航天奇迹

有着科技自立自强的坚定决心，

无论探索太空还是推动各领域科技创新，

中国都将不惧任何困难和挑战

不久前，我国自主研制的新型中型运载火箭长征八号首飞成功。由此回望，中国航天在2020年交出了一份精彩答卷。这份让国人振奋、让世界赞叹的答卷，展现出科技自立的能力，彰显着大国自信的豪情。

2020年是新中国历史上极不寻常的一年，航天领域一次次传来捷报，令无数中国人为之骄傲。嫦娥五号从月球带回1731克样品，如期完成探月工程"绕、落、回"三步走规划；天问一号火星探测器开启行星探测新征程，正在逐渐抵近火星；北斗三号全球卫星导航系统建成并开通，为世界各个角落提供高质量导航定位服务；长征五号Ｂ火箭首飞成功，吹响中国空间站建设号角……一系列重大任务的完成，使得2020年在中国航天史乃至世界航天史上留下浓墨重彩的一笔。

这些成绩来之不易，背后洋溢的是攻坚克难的强大自信，体现的是胜不骄败不馁的从容心态。从新冠肺炎疫情防控和发射任务的"双线作战"，到顶住几次航天发射失利的压力再创辉煌，新时代的航天工作者用平常心看待困难、用自信心对待征途，交出的答卷让人敬佩。有着科技自立自强的坚定决心，无论探索太空还是推动各领域科技创新，中国都将不惧任何困难和挑战。

2020年恰逢我国正式进入太空时代50周年，站在这个时间节点回看中国航天的壮丽往事，让人不由得产生感动之情。1970年我国第一颗人造地球卫星东方红一号发射升空，拉开了中华民族探索宇宙奥秘、和平利用太空、造福人类的序幕，诠释了中国人民在一穷二白条件下自力更生的勇气和创造力。50年后，嫦娥五号首次实现我国地外天体采样返回，标志着中国航天向前迈出了新的一大步。50年来，我国走出了一条具有中国特色的自主创新之路，探索形成了新型举国体制优势。不管条件如何变化，自力更生、艰苦奋斗的志气代代传承。50年的积淀，中国航天已成为创新高地、精神高地、人才高地，正向着新的起点努力创造新的更大成就。

　　当世人屡屡追问"中国航天为什么能"时，答案不仅体现在各参研参试单位和全体航天工作者的团结拼搏、执着创新中，也体现在那无数双向往星辰大海的专注眼神中。今天，中国人愈发理解航天对国家发展的巨大价值和梦想对一个民族的长远意义。新时代的航天工作者十分珍惜这种来自全社会的厚爱，并为此全力前行。如同一位火箭总设计师所言，"中国航天有个传统，每一次成功的喜悦也就持续一顿饭的时间。对研制团队来说，成功不是光环，更不是休止符，而是下一次任务的起点"。迈向航天强国、建设科技强国，既需要创新的智慧、探索的勇气，也始终离不开良好氛围的营造，离不开全社会的大力支持。

　　人类探索太空的步伐永无止境，星际探测有着更深更远的梦想。嫦娥五号归来预示着新的探索即将出发，天问一号还将面对火星探险的多道关卡，空间站建造也面临着巨大的技术挑战。但只要仰望星空、脚踏实地，梦想的跋涉就会充满无穷动力。勇于攀登航天科技高峰，敢于战胜一切艰难险阻，我们必将实现建设航天强国的伟大梦想。

探月精神激荡奋斗豪情

追逐梦想、勇于探索、协同攻坚、合作共赢的探月精神，

丰富了中华民族的精神家园，

激荡起每一个中国人内心油然而生的奋斗豪情

北京时间2020年12月17日凌晨，在内蒙古四子王旗预定着陆区域，人们冒着零下20多摄氏度的严寒，怀着火热心情迎回了一位"太空返客"——嫦娥五号返回器。

这是一趟不负众望的科学探索，也是一次贡献卓著的无畏探险。习近平总书记代表党中央、国务院和中央军委祝贺探月工程嫦娥五号任务取得圆满成功，勉励探月工程任务指挥部并参加嫦娥五号任务的全体同志："大力弘扬追逐梦想、勇于探索、协同攻坚、合作共赢的探月精神，一步一个脚印开启星际探测新征程，为建设航天强国、实现中华民族伟大复兴再立新功，为人类和平利用太空、推动构建人类命运共同体作出更大的开拓性贡献！"嫦娥五号任务的圆满成功，凝结着中国航天人的宝贵智慧，展示着中国实现科技自立自强的决心勇气。追逐梦想、勇于探索、协同攻坚、合作共赢的探月精神，丰富了中华民族的精神家园，激荡起每一个中国人内心油然而生的奋斗豪情。

伟大事业始于伟大梦想。嫦娥五号任务承续探月梦想，实现了我国首次月面采样与封装、月面起飞、月球轨道交会对接、携带样品再入返回等多项重大突破，收获了研究月球乃至太阳系行星的宝贵科学样品，其成功实施标志着我国探月工程"绕、落、回"三步

走规划如期完成。正如习近平总书记深刻指出的，"这是发挥新型举国体制优势攻坚克难取得的又一重大成就，标志着中国航天向前迈出的一大步，将为深化人类对月球成因和太阳系演化历史的科学认知作出贡献"。

自立自强的旋律最动听，勇于探索的精神尤可贵。发射升空，抵达月球，采集月球物质，由月面点火起飞，再从月球轨道返回地球……从发射到归来的20余天里，嫦娥五号任务的每一步都牵动人心，每一个动作都让人击节喝彩。人们惊叹，来自月球的约2千克月壤展示着一个国家对科技创新的追求。当嫦娥五号探测器在月球上展开五星红旗，闪耀月面的"中国红"映照出追求科技自立自强的中国决心。60多年的中国航天发展历程表明，只有通过独立自主的探索攻关，中国人探索太空的脚步才可以迈得更稳更远。

嫦娥五号任务的圆满成功，显示出协同攻坚的强大力量。在发射场，指挥员喊出清脆口令，长征五号遥五运载火箭拔地而起，背后是发射团队无数次的演练。在38万公里之遥，"指挥"月球轨道交会对接，地面支持团队早已为航天器研发出激光雷达、微波雷达等设备。作为国内迄今最为复杂的航天器之一，嫦娥五号探测器更是倾尽了技术团队的心血。嫦娥五号点亮了航天人无数个不眠之夜，聚合了方方面面的大力支持，折射出中国创新的熠熠光辉。参加嫦娥五号任务的全体同志的卓越功勋，祖国和人民将永远铭记。

中国一贯致力于和平利用外空，积极开展相关国际交流与合作，分享航天发展成果。从国际航天史的角度审视，探索浩瀚宇宙是全人类的共同梦想。中国的行星探测计划——向着月球、火星乃至更远，是人类探索外太空的重要组成部分。大力弘扬追逐梦想、勇于探索、协同攻坚、合作共赢的探月精神，中国必将谱写出更加壮美的航天乐章。

中国创新打开"未知的月球"

在追逐梦想的新起点上，中国航天将飞得更深、更远，
中国科技将迈向更高层次的创新境界

1月11日，嫦娥四号着陆器与玉兔二号巡视器完成互拍，通过"鹊桥"中继星从月球背面传回清晰照片，标志着探月工程嫦娥四号任务画下圆满句号。继嫦娥三号在世界上第三个实现地外天体软着陆后，我国又成为首个实现月球背面软着陆与巡视探测的国家。这也是国际月球科学探索的历史性一步，它进一步打开了"未知的月球"，为人类不懈探索与和平利用太空写下了浓墨重彩的一笔。

嫦娥四号任务是前所未有的太空探索旅程，也是太空探索领域的一次重大创新。嫦娥四号任务始终坚持自主打造"中华牌"，突破了一批重大关键技术，取得了一批具有自主知识产权的科技成果，实现了国际首次月球背面软着陆与巡视探测、月球背面复杂地形地貌识别、高精度自主着陆控制与自主避障等多个创新。这些创新成就充分证明，只要依靠自主创新，着力突破核心关键技术，就能够推动科技发展实现重大飞跃，激发国家科技创新能力。

创新从来不是轻易得来的。探月工程作为国家重大科技工程，是当今高新技术发展中极具挑战的领域。面对40万公里的漫长征途、复杂多变的地月空间环境、全新的地月通信难题，嫦娥四号任务更加艰巨，难度更大，风险更高。中国探月人始终坚持追求卓越、求真务实，不畏艰险、勇于登攀，向着未知领域勇敢进发，攻克了一批世界级难题，在浩瀚太空刻下了中华民族非凡的创造印迹，为人

类探索宇宙奥秘贡献了中国智慧和中国力量。

习近平总书记指出："人类自古就对广袤无垠的天空充满向往，中华民族世代传递着飞天的梦想。"探索浩瀚宇宙是人类共同的理想，"在月球背面首次进行地表探索""回答关于地球唯一的自然卫星的基本问题""太阳系初期的历史就锁在月球背面的岩石中""迷你温室首次登陆太阳系另一天体"……对全世界科学家都分外关注的这些科学谜团，嫦娥四号将努力为全人类去探索和解答。

太空探索永无止境，逐梦之行永不停歇。伴随着"探索浩瀚宇宙，建设航天强国"的嘹亮号角，在追逐梦想的新起点上，中国航天将飞得更深、更远，中国科技将迈向更高层次的创新境界，不断汇聚实现中华民族伟大复兴的磅礴力量。

《人民日报》2019 年 1 月 12 日第 6 版

沿着梦想的阶梯拾级而上

来自月球的小小一块石头，

包含着航天技术攻关和创新的努力，

反映着科技进步的程度，

也是向航天强国建设迈出有力脚步的证明

11月24日凌晨，目前我国运载能力最大的长征五号火箭从南海之滨的中国文昌航天发射场起飞，将嫦娥五号探测器成功送入地月转移轨道，顺利迈出了嫦娥五号任务月球采样返回的第一步。

这是在嫦娥四号完成人类首次月背着陆后，时隔近两年后中国航天器重返月球，也是持续不断的人类探月活动中，40多年来首次去月球挖取"岩石土壤"。对我国探月工程"绕、落、回"三步走的整体规划而言，嫦娥五号任务是收官之作；对未来的月球探测而言，它又是一个奠基之作。从这个角度看，嫦娥五号任务意义非凡，堪称探月工程乃至中国航天事业承前启后的重要里程碑。

嫦娥五号任务是一次高难度、高风险的深空探索之旅。相对于此前嫦娥一号到嫦娥四号成功实现的绕月探测、落月探测来说，嫦娥五号是一次新的、更大的技术跨越。从在地外天体采样，到从地外天体起飞，再到航天器在月球轨道上交会对接、携带样品高速返回地球，对于中国航天都是第一次尝试。而只用20多天完成从奔月到返回地球，如同探月工程专家所形容的，如此短的时间内拍出一部"太空大戏"，难度可想而知。嫦娥五号的成功发射开了一个好头，但对这一次探月之旅来说，一路上的风险不可预料，更大的挑战还在后面。

　　嫦娥五号任务的收获也将是惊人的。嫦娥五号的使命，可以看成通过复杂航天技术将一块来自月球的石头交到科学家手中的过程。对天文物理学家和行星科学家来说，嫦娥五号从月球挖回的物质，不仅可以帮助人类更准确地了解月球的演变，甚至还能确定地球、火星和水星等行星表面的年代。与此同时，嫦娥五号任务作为中国探月工程三部曲的最终章，"绕、落、回"的实现，也意味着中国掌握了无人月球探测的最主要基本技术。尤其是掌握从月球返回地球的技术能力，将为载人登月、月球科研站的设想进行技术探路和铺垫，奠定良好而坚实的基础。可以说，来自月球的小小一块石头，包含着航天技术攻关和创新的努力，反映着科技进步的程度，也是向航天强国建设迈出有力脚步的证明。

　　在航天征途上，为梦想而努力奔跑的不只是嫦娥五号。天问一号火星探测器已累计飞行超过3亿公里，不断抵近目的地火星；北斗导航星座正向地球每一个角落送去源源不断的服务信号；空间站建设也在按计划展开……选定目标，把握节奏，全力以赴，经过十几年努力即将实现"绕、落、回"的我国月球探测，是中国航天探索事业既能稳步前行又能跨越发展的生动实践。毫无疑问，科技的自立自强，就是这样沿着一个个梦想的阶梯拾级而上，不断攀登一个又一个高峰。

《人民日报》2020年11月25日第17版

勇于攀登航天科技高峰

面向未来，

太空探索仍将是科学探索的有力牵引，

中国探索太空的脚步更为坚定

苍凉而广袤的火星逐渐进入视野，稀薄的大气层和火星表面形貌清晰可见，探测器上太阳翼的轻微振动，提醒人们这个壮丽的太空视角来自造访火星的地球航天器。不久前，我国首次火星探测任务天问一号拍摄的火星影像公布，让航天迷们扎扎实实过了把瘾。

在航天迷看来，2021年是中国航天的"大年"。自开年以来，从长征七号改遥二运载火箭成功发射，到嫦娥五号轨道器飞抵距地球150万公里的日地引力平衡点，再到天问一号登陆火星、中国空间站天和核心舱发射等大动作的预告，激发起无数人对太空探索的热情和向往。

探索浩瀚宇宙，是梦想的远航，也是创新的跋涉。刚刚过去的"十三五"，中国在太空探索领域取得了显著成绩，不断刷新纪录。从近地轨道到太阳系深处，中国航天器的队伍越来越大，足迹不断延伸。北斗、嫦娥、天宫、玉兔、天问……这些名字背后，是航天发射能力的显著提升，卫星、飞船等航天飞行器技术的持续进步，反映的是从航天大国迈向航天强国的有力步伐。太空探索事业的突破和进展，不断夯实着创新型国家建设的丰硕成果。卓越不凡的创新进一步激起人们对星空的好奇，而这种热情的向往，无疑又会驱动着探索脚步不断前行。

太空探索的进步不仅映照着"可上九天揽月"的豪情，也进一步增强了科技自立自强的信心和底气。经过一代代航天人接续奋斗、攻坚克难，我们取得了以载人航天、北斗导航、月球探测等为代表的标志性成就，不断实现着从无到有、从小到大、从弱到强的跨越式发展。至今依然环绕地球飞行的东方红一号卫星，仍在月球上"日出而作，日入而息"的玉兔号月球车，以及即将踏上火星表面的中国火星车，它们在地球外探索的勇敢身影，凝结着中国航天人坚持走自主创新之路的汗水和智慧，体现着中国科技强起来的决心和勇气。

　　面向未来，太空探索仍将是科学探索的有力牵引，中国探索太空的脚步更为坚定。宇宙起源与演化等基础科学研究，探月工程四期、火星环绕、小行星巡视等星际探测，新一代重型运载火箭和重复使用航天运输系统研制、北斗产业化应用等，都已被列入相关规划之中。预计2022年前后建成的中国空间站，作为国家级太空实验室，将为科学家们提供极其宝贵的科学实验平台，有望产生重大的科学突破。可以说，对宇宙奥秘的探究和对深空的探测，将继续牵引科学的进步和科技的发展。

　　面对浩瀚宇宙，人类是渺小的，但人类的探索精神是伟大的。一代代中国航天人以追逐梦想的热情和坚忍不拔的壮志，创造出"两弹一星"精神、载人航天精神、北斗精神和探月精神，丰富了中华民族的宝贵精神财富，彰显了坚定的中国特色社会主义道路自信、理论自信、制度自信、文化自信。怀揣不懈追求的航天梦，敢于战胜一切艰难险阻，勇于攀登航天科技高峰，一步一个脚印开启建设航天强国和世界科技强国新征程，我们将向着更深更远的太空继续出发。

我们为何对飞天如此钟情

浪漫梦想，雄心壮志，脚踏实地，
载人航天无疑是将它们完美结合在一起的最好选择之一

三名中国航天员正乘坐神舟十号飞船遨游太空。两天的旅行之后，他们将抵达天宫一号目标飞行器，开始长达十几天的太空生活。中国载人航天十周年之际，第十艘神舟飞船的顺利升空，在这个六月唤起人们内心深处难以名状的激情和冲动。

虽然在有些外国专家看来，中国的航天技术与美国和俄罗斯相比还有不小差距，后者早在20世纪60年代就已掌握中国去年隆重庆祝的交会对接技术；虽然这次迄今最长的15天太空之旅，仅仅是中长期太空驻留的起始点，难以同国际空间站中动辄半年以上的空间栖息媲美，但是，国家领导人亲临现场观看发射、慰问技术人员，数以亿计的人们围坐在电视机前静待航天员来自太空的端午祝福，众多游客长途跋涉到酒泉卫星发射中心近距离观看发射……在这个传统的端午节假期里，神舟十号的发射仍然是这个国家最广受关注的新闻。

我们为何对飞天如此钟情？飞离地球、遨游太空，这是每个地球人与生俱来的愿望。只是这个愿望，在中国人心目中，表现得尤为强烈。

飞天寄托着中国人矢志赶超的梦想。蒸汽机上路时，中国工业还在沉睡；飞机升空时，中国人自建的第一条铁路刚刚竣工；阿波罗登月之际，我们的第一颗卫星还在艰苦制造当中……这个近3000年来90%的时间里曾一直在领跑的国家，如今正走在民族伟大复兴的道路上。如果要寻找一条证明自身实力的跑道，太空无疑是最合适不过的了。把奋力超越的脚印留在这条人类最壮观的赛道上，还有什么比这更激动人心？

飞天承载着中国人自主创新的冲动。有西方太空计划专家认为，中国的航天计划虽然没有带来直接经济收入，但它给中国带来了可观的国际威望，调动了人们对于科学工程技术的兴趣，有利于火箭和远程控制系统的研发，帮助中国摆脱"只善于山寨国际名牌的形象"。这话听起来虽然有些别扭，但我们应当承认，在某种程度上的确如此。由于种种众所周知的原因，16国参与的国际空间站没有中国的身影，但就像当年的技术封锁一样，这也大大刺激了中国人自主发展载人航天的决心。用创新证明实力、击碎偏见，让"未来全球的空间开发合作越来越离不开中国的参与"，航天领域的攻关如此，其他领域的探索同样如此。

虽然"中国的老牌太空对手美国似乎无心竞争，改变了发展重心"，令奋力追赶的后来者有些怅然若失，但事实上，中国载人航天计划有着远比捍卫荣誉更为明确和务实的目标。载人航天工程启动20周年之际，北京航空航天大学校报的记者采访了该校1952级校友、首任中国载人航天工程总设计师王永志。谈到载人航天三步走的战略规划，他这样描述空间站的意义：空间站作为国家级的太空实验室和太空独特环境下的科学技术实验平台，在建成后，中国人就不是进入太空几天就回来了，而是进驻太空。这有利于国家安全，有助于我们在空间资源开发利用上取得新的突破。空间站的建成和运营将成为我国建设创新型国家的一个重要标志。

我们这个从来不缺少浪漫情怀的民族，最近几乎人人都在谈论"以实干托起中国梦"。浪漫梦想，雄心壮志，脚踏实地，载人航天无疑是将它们完美结合在一起的最好选择之一。

向着星辰大海全力进发

向着星辰大海前进，

航天精神始终是中国航天的成功密码

第五个中国航天日如约而至，适逢我国第一颗人造地球卫星东方红一号成功发射50周年。50年前的4月24日，这颗重173公斤的卫星在太空奏出《东方红》乐曲。悠扬的旋律流淌在翘首仰望的亿万人心头，汇聚成如潮喜悦，也由此拉开了中国人探索宇宙奥秘、和平利用太空、造福全人类的序幕。

以东方红一号卫星飞出地球为起点，1956年起步的中国航天事业从此开启了太空时代的新征程。靠自力更生冲破技术、人才等重重封锁，用自主创新发挥出因陋就简、土法上马的最大能量，老一代航天人创造奇迹，使东方红一号卫星和核弹、导弹一起，以"两弹一星"的雄姿载入史册。拾级而上，载人航天、月球探测、北斗导航……一个个辉煌成就见证了几代航天人接续奋斗的脚步。从无到有、从小到大、从弱到强，50年后的今天，中国人正在建设航天强国的伟大征程上奋勇前行。

事业持续刷新，精神不断积淀。"弘扬航天精神　拥抱星辰大海"是今年中国航天日的主题。向着星辰大海前进，航天精神始终是中国航天的成功密码。这种精神是钱学森从操作手手中接过在弹体内发现的一根5毫米长的小白毛，说"我要把它带回北京，作为作风严谨细致的典型，教育科技人员"；是神舟七号航天员在飞船火警中沉稳完成太空出舱任务，决定"即使我们回不来，也一定要让五星红旗在太空高高飘扬"；也是火箭发射突然中止时，奋不顾身向塔架逆行奔跑的一个个背影。在伟大事业和伟大精神的交相辉映、相互交织中，中国人飞向太空的轨迹是如此壮美，如此震撼人心。

航天事业是这个国家勇于登攀、执着创新的一个缩影。从嫦娥四号月背软着陆到大飞机翱翔蓝天等一系列成就所显现的创造力，从自主创新、协同攻关到全国一盘棋、集中力量办大事等一个个创举所展现的独特优势，以航天精神为代表的一组组创新强音，感动和激励着人们披荆斩棘、追逐梦想。"中国航天日"设立的意义，就是要铭记历史、传承精神，激发人们特别是青少年崇尚科学、探索未知、敢于创新的热情，为实现中华民族伟大复兴的中国梦凝聚强大力量。

探索浩瀚宇宙、发展航天事业、建设航天强国，是我们不懈追求的航天梦。中国空间站建设拉开大幕、嫦娥五号月球采样返回、北斗完成全球组网、火星探索之旅启程……这些已规划的蓝图有望付诸实现，成就航天史上一座座标注高度的里程碑。走出地球摇篮50年的中国航天，还将继续乘着梦想的风帆，向着星辰大海的更深处全力进发。

《人民日报》2020年4月24日第14版

筑牢航天梦想的阶梯

中国航天人巨大的荣耀和梦想的种子，

将为普及航天知识、激励科学探索、培植创新文化带来巨大感召力

4月24日，首个"中国航天日"。当清晨的阳光洒在世界三大航天员中心之一的中国航天员中心，注视着国旗冉冉升起的航天员们，或许回想起了太空中"晨曦"照进舷窗的那一刻。

46年前的4月24日，中国第一颗人造地球卫星东方红一号发射成功，成为中国航天事业发展历程中的开创性、奠基性事件。国家将这一天设立为航天日，它既是航天人的节日，也是公众每年一次与航天亲密接触的"嘉年华"。中国航天人巨大的荣耀和梦想的种子，将借此年复一年地广泛播撒，为普及航天知识、激励科学探索、培植创新文化带来巨大感召力。

航天日的设立，是为了铭记历史、传承精神，这是对几代航天人不懈追求航天梦的褒奖和崇高致敬。今年恰逢中国航天事业发展60年，如果将1956年起步的中国航天的60年浓缩在一个小时内，一定是一部分分秒秒都掀起高潮的史诗巨片。"两弹一星"、载人航天、月球探测为代表的里程碑式成就，22颗北斗导航卫星，近150颗各种类型的在轨卫星，累计发射226次、成功率超过96%的"长征"系列运载火箭，以及基于这些空间技术不断提升的科学探测能力和研究水平，无不显示出中国"航天大国"的称誉已是名副其实。回应伟大时代的呼唤，60年间，中国航天人自强不息、接续奋斗，走出了一条自力更生、自主创新的发展道路，积淀了深厚博大的航

天精神。如今，一支让其他航天强国都艳羡不已的年轻的航天人队伍，将续写这一伟大事业的辉煌，致力于为人类探索并和平利用太空。

航天梦，中国梦。中国航天白手起家、发力创新的经历，和这个国家从一穷二白到繁荣昌盛的过程相伴相随。航天成果广泛服务于经济建设和社会发展的各个领域，进入普通人的日常生活；强盛起来的国力则为航天事业提供更稳定的保障。"探索宇宙永无止境……未来的征程仍将充满机遇与挑战，需要我们以更大的智慧和勇气去探寻未知世界的奥秘"，中国航天人的梦想不断向前延伸。空间站建造、火星计划、月球采样，直到"2030年实现整体跃升，跻身航天强国之列"，无疑都需要航天人将一座座科技高峰踩成一个个梦想的阶梯。

"从小培养孩子们对航天的热爱，可能会影响他们的一生。"173公斤重的东方红一号卫星至今仍在围绕地球飞行。中国载人航天工程总设计师周建平在孩提时代，通过收听电台的预告，看见了夜空中的中国首颗人造地球卫星，从此有了自己的梦想。"一个国家对航天知识的普及程度，代表着这个国家的发展进步水平。"每一个航天日，都是航天梦想的又一次启航。

习近平同志指出，探索浩瀚宇宙，发展航天事业，建设航天强国，是我们不懈追求的航天梦。在太空俯瞰过地球的人，才知道地球多么的美丽，太空多么的深邃，宇宙多么的广袤无垠。与生俱来的好奇心，已经带领我们走出自己的后院，完成了在月球的"我的一小步，人类的一大步"。对梦想的期待，对创新的期许，将伴随着航天日奔涌向更广阔的天地。

《人民日报》2016 年 4 月 25 日第 5 版

让航天成就更多美好梦想

中国航天向浩瀚宇宙挺进得有多远，
就与百姓的寻常生活贴得有多近

4月24日，正逢中国第一艘货运飞船天舟一号首次向天宫二号送出"太空快递"。带着这份大礼，第二个中国航天日来到人们身边。在被称为中国航天"嘉年华"和航天强国路"加油站"的航天日，不少航天人是在忙碌中度过专属自己的节日，普通人则有了更多和航天亲密接触的机会。

从中国航天员中心的航天员深情注视国旗在航天日的晨曦中升起，到偏僻山村小学里孩子们好奇地紧盯着老师手中的"长五"火箭模型，再到航天迷热侃天舟一号货运飞船与发达国家相比显得性能优越，人们体会着这个20世纪50年代才踏足航天旅程的国家所取得的巨大成就，也切实分享着由航天高科技带来的众多民生福利。向着鸿蒙太空的进发，向着更高远天空的探索，航天事业以这样一幅浪漫的形象，勾画着一个文明古国矢志奋进的壮美画面。

"航天创造美好生活"，是今年中国航天日的主题。科学讲堂、航天展览等一系列各具特色的主题活动在全国范围开展，尤其突出呈现了航天应用，展示航天技术造福民生、惠及百姓、创造美好生活的神奇力量。北斗卫星导航系统为你认路，风云卫星替你看天气，高通量通信卫星将实现在万米高空上聊微信、刷微博……中国航天向浩瀚宇宙挺进得有多远，就与百姓的寻常生活贴得有多近。

确实，航天作为一项高新技术，它的覆盖面、影响力，以及应用的广度和深度，已超乎人们的想象。目前我国已有2000多项航天技术成果应用到各行各业，民用遥感卫星数据分发量累计超过1000万景（遥感图像的计数单位，通常指卫星拍摄一次所获取的画面，一景卫星遥感图像所包含的面积少则几千平方公里，多则上万平方公里），卫星电视直播用户突破7000万，"北斗"终端持有量达到400万余套，卫星应用年产值超过2000亿元。这些数据是对航天创造美好生活的最佳诠释——"改变人类的生活方式，提高人类生活的品质，增加人类生活的乐趣"。

航天创造美好生活，根植于科技创新的深厚土壤。去年首个中国航天日以来，中国航天仿佛再次加足了油，300多天之内又干了好多件大事。未来的主力火箭长征七号和昵称"胖五"的长征五号火箭成功首飞，两名"神十一"航天员创下驻留太空33天的新纪录，再到几天前天舟一号精确将"太空快递"送达天宫二号……所有这些，都让国际航天界瞩目。"我们见证了另一位重要选手的崛起"，这句话既是对中国货运飞船的赞誉，也是对中国航天创新能力的概括。

中国航天为什么能？中国首位女航天员刘洋的这句话令人深思："被祖国需要是一种幸福。"确实，航天事业能够取得今天的成绩，源于独特的制度优势，来自无数航天人把个人奋斗汇入时代洪流而凝聚起的磅礴合力。在第二个航天日，被誉为大国工匠的固体火箭发动机燃料药面整形工人徐立平对人们说，没有哪个行业能够比航天更能把个人梦想与祖国的利益如此紧密地融为一体。航天员张晓光也一样"表白"：是祖国把我们航天员送上太空，是所有航天人不懈努力才取得了今天的航天科技成果。把个人奋斗融入国家崛起，把个人梦想融入中国梦，这是航天事业发展的密码，又何尝不是整个社会共同的精神财富？

随着中国很快开启空间站时代，航天技术将继续为人们带来惊喜。和梦想同行，我们就将收获美好的未来。

智慧让梦想与现实"交会对接"

科技革命或许还在远方，

但梦想和智慧的双翼却已然鼓荡，

寻找突破的脚步，每天都可以踏响

如同孩子向往外面更大的世界，人类也从未磨灭"离开地球摇篮，扩大生存空间，向着宇宙更深更远处出发"的梦想。而航天事业，正是这一梦想与智慧的完美结合。

鼓荡着梦想与智慧的双翼，天宫一号成功进入预定轨道，中国人有了第一个真正意义上的"太空之家"。然而，这只是一个开始。天宫一号的发射难度要小于随后的神舟八号飞船，所以此次航天试验中，真正的高潮是在其后的两个航天器交会对接。但这又不是一个简单的开始。天宫一号的升空让空间站梦想变得如此之近，它激发着我们对更广阔世界的想象，这是"走出地球"的必然一步，让人类用更高更全面的视角审视地球和自身。

在追逐"太空驻留"梦想的路上，中国还是追赶者。1966年，美国两个航天器完成世界上首次在空间的交会对接；1971年，苏联发射了世界上第一个空间站。而此次交会对接完成，距离我们的空间站完全建成也还需近10年。

奋力追赶的过程，是一次又一次的飞跃和进步。1992年，中国载人航天起步；2020年前后，中国将实现空间站长期驻留太空。这30余年，不仅是空间站和航天技术自身的飞跃，带动突破的还有众多科学和工程技术领域的进步。

梦想与异想的最大区别，在于是否筑基于智慧。这种智慧表现在我们怀揣梦想，却赋予其审慎而理性的内涵。踏实地选择一个准确的战略方向，踏实地沿着这个方向做好积累和提高，一点点量的积累，可能就孕育着巨变。对于像中国这样的后来者，也许这是更加切合实际的做法。

这也正是让梦想与现实"交会对接"的智慧。我们冀望的飞跃，同样是一个渐进的过程。质的变化来自量的积累，一飞冲天也离不开每日振翅的练习。那些一下子推动世界天翻地覆变化的想法，不是科学，是科幻。

就中国航天来说，每一次突破都来自于漫长的积累，而时间是衡量这种积累的刻度。东方红一号卫星1958年上马，1970年才发射成功，用时12年；中国载人航天工程1992年立项，1999年神舟一号无人飞船上天，2003年神舟五号才把航天员送上了太空，用时11年。没有卫星、飞船和交会对接技术的成熟，就不会有空间站的建立。这一次次的积累和突破，才让我们能一次次为飞跃而自豪。

今天的中国科技，已经写下很多"迟来的飞跃"。中国人进入太空、卫星探月、载人深潜器入海5000米……梦想正慢慢地一个个化为现实，补齐中国科技整体水平的短板。而这些，也必然为重大科技革命铺就基石。正是在这个意义上，科技革命或许还在远方，但梦想和智慧的双翼却已然鼓荡，寻找突破的脚步，每天都可以踏响。

《人民日报》2011年9月30日第6版

航天"长征"永远在路上

自信既是靠"十年磨一剑"的千锤百炼，
更是靠登攀不止、挑战未知的求知若渴

火箭呼啸而去、飞船摇曳而落，瑰丽地球和深邃太空之间的一去一回，勾勒出一幕人类探索宇宙的壮丽图景，也开启了中国一个新的航天时代——空间站时代。

5月5日，在海南文昌航天发射场，首次发射的长征五号B运载火箭成功将新一代载人飞船试验船和柔性充气式货物返回舱试验舱送入太空轨道。几天后的5月8日，新一代载人飞船试验船返回舱成功返回。空间站阶段飞行任务的首战告捷，充分证明长征五号B运载火箭可担当空间站建造主力火箭的重任，为全面实现我国载人航天工程第三步发展战略奠定了坚实基础。

航天事业向来是一个国家追求创新发展的生动缩影。20世纪90年代以来，从发射载人飞船将航天员送入太空，到太空出舱、发射空间实验室，中国载人航天工程如今已走到第三步，即"建造空间站，解决有较大规模的、长期有人照料的空间应用问题"。长征五号B运载火箭未来担负着发射空间站舱段的重要使命，首飞意义重大，关系到载人航天工程"三步走"战略目标能否实现。面对新冠肺炎疫情不利影响，航天人克服重重困难，打赢了这场硬仗、关键仗，增添了完成后续任务的强大信心。长征五号B运载火箭的腾空而起，是中国建设航天强国和世界科技强国取得的最新成就，也让人们再一次看到不惧风险挑战、勇于突破、敢于登攀的强大精神力量。

推开空间站时代大门，中国航天展现了坚定不移走中国特色自主创新道路的信心。长征五号B运载火箭发射时间提前公布，最终火箭一秒不差地实现"零窗口"发射。从神舟九号、神舟十号到长征五号B运载火箭……几次任务都将发射时间提前宣布并精准到分，充分显露出了航天人的自信。自信的底气来自于神舟一号飞船发射以来载人航天的16战16捷，也源自于在系统最复杂、安全要求最高的载人航天工程中，质量第一、安全至上的意识始终得到贯彻和坚持。自信既是靠"十年磨一剑"的千锤百炼，更是靠登攀不止、挑战未知的求知若渴。发射成功后，文昌航天发射场大厅屏幕上打出这样一行字：敢于战胜一切艰难险阻，勇于攀登航天科技高峰。奋斗是对奋斗者的奖励，中国航天剑指浩瀚苍穹，"长征"永远在路上。

探索浩瀚宇宙，发展航天事业，建设航天强国，是我们不懈追求的航天梦。从50年前第一颗人造地球卫星东方红一号开启太空时代，到今天空间站时代大幕徐徐展开，中国航天再次踏上了新征程。空间站是极其复杂、极具挑战性的一步跨越，但它的巨大收获也将无可比拟，它能够加快中国乃至人类探索、开发、利用宇宙的步伐。空间站和航天技术的飞跃，也能推动航天成果更广更深地造福社会发展和人们的生活。作为近地空间的一个创举，空间站的建造将为进一步实现载人探月、火星探测等更长远目标铺下基石，成为航天报国和科技强国建设的一个标志性创新实践。

习近平总书记在给参与"东方红一号"任务的老科学家回信时强调，"不管条件如何变化，自力更生、艰苦奋斗的志气不能丢"。以老一代航天人为榜样，新时代的航天工作者大力弘扬"两弹一星"精神，敢于战胜一切艰难险阻，勇于攀登航天科技高峰，必能跨越星辰大海，实现更非凡的成就。

中国的北斗　世界的北斗

北斗卫星导航系统凝结着无数人接续奋斗的心血，
饱含着中华民族自强不息的本色，刷新了科技强国的"中国速度"，
展现了自主创新的"中国精度"，彰显了开放包容的"中国气度"

"复移小凳扶窗立，教识中天北斗星。"自古以来，北斗七星就被赋予了司南功能，用以指引方向、分辨四季、标定时刻，中国人对北斗有着熟悉而亲切的认知。如今，仰望星空，由数十颗人造卫星组成的新的北斗"星座"更加璀璨。

7月31日，习近平总书记在北京人民大会堂郑重宣布，北斗三号全球卫星导航系统正式开通。由我国建成的独立自主、开放兼容的卫星导航系统，从此走向了服务全球、造福人类的时代舞台。这是自豪的宣告，折射出这一完全自主建设、独立运行的巨型复杂航天系统的来之不易；这也是热情的邀约，体现了中国北斗作为向全世界贡献中国智慧的重大公共服务基础设施，致力于为全球提供导航定位服务的诚意和决心。

在享受便捷高效导航服务的同时，人们强烈感受到将梦想照进现实的伟力，深深感佩于为实现梦想而追求卓越的执着。北斗卫星导航系统工程总设计师杨长风说："北斗是党和国家调动千军万马干出来的，是工程全线几十万人团结一心拼出来的，是广大人民群众坚定支持共同托举起来的。"北斗卫星导航系统凝结着无数人接续奋斗的心血，饱含着中华民族自强不息的本色，刷新了科技强国的"中国速度"，展现了自主创新的"中国精度"，彰显了开放包容的

"中国气度"。中共中央、国务院、中央军委的贺电高度评价，"北斗三号全球卫星导航系统的建成开通，是我国攀登科技高峰、迈向航天强国的重要里程碑，是我国为全球公共服务基础设施建设作出的重大贡献，是中国特色社会主义进入新时代取得的重大标志性战略成果"。

为他人"导航"，首先要知道自己的"路"怎么走。起步晚、底子薄，独立建成世界一流卫星导航系统，曾被西方国家认为是不可能完成的任务。从创造性地提出"双星定位"构想、绘下"三步走"发展蓝图，到在卫星导航频段逾期最后时刻完成首次卫星发射、拿到进军全球卫星导航系统俱乐部的"入场券"，再到两年多时间18箭30星的高密度发射、完成全球组网，中国航天人让不可能成为可能。破解星载原子钟、北斗国产芯片、星间链路等"不可能"，经历160余项核心关键技术和世界级难题的攻克、500余种器部件国产化研制的突破，闪耀着"混合式"星座、短报文通信等独有的中国智慧火花，北斗卫星导航系统蹚出了一条独立自主、创新超越的中国特色发展道路。

中国的北斗是一流的北斗，也是世界的北斗，"中国愿同各国共享北斗系统建设发展成果，共促全球卫星导航事业蓬勃发展"。目前，北斗卫星导航系统与美国、俄罗斯、欧洲卫星导航系统的兼容与互操作持续深化，可以让全球用户享受到多系统并用带来的好处。全球已有120余个国家和地区使用北斗系统，中国北斗作为国家名片的形象持续深入人心。中国建设北斗卫星导航系统完全依靠自己的力量，建成之后却主动向全世界开放。这种开放融合的胸怀和理念，让北斗卫星导航系统的"朋友圈"越来越大，也将进一步锤炼北斗卫星导航系统服务全球的能力。

进入全球服务的新阶段，北斗卫星导航系统有着广阔前景，也面临全新挑战。脚踏实地、行稳致远，走向全球的中国北斗大有可为。

走向全球的北斗大有可为

北斗不仅是中国人耳熟能详的航天重大工程，
也深度融入经济社会发展、百姓工作生活中

"牛羊跟着水草走，牧人跟着牛羊走"是传统牧区生活的写照。如今在不少牧区，牛羊的耳朵上装上了定位耳标芯片，骆驼戴上了北斗卫星导航项圈，牧民用一部手机就能掌握牛羊群的实时距离和位置。依托北斗卫星导航系统的一键导航沿途寻找牛羊、"电子网围栏"等功能，牧民们可以足不出户、在家"放牧"。目前，北斗智能放牧系统已经应用到新疆、内蒙古等多地的牧民家中。

北斗系统是由国家建设的重大公共服务基础设施，其高精度导航定位能力，如同水、电、气等公共服务一样，可以搭载第三方软件或硬件，为用户提供丰富多样的产品和服务。拿放牧来说，除了查看牛羊的实时距离和位置，人们还可通过电子坐标设置"电子网围栏"，在牛羊超出圈定范围时发出警报；或者利用北斗盒子控制牧井系统，在没有网络信号的无人区实现远程供水。此外，北斗还有一项短报文功能的"独门绝技"，好比是导航终端的短信功能，可让用户主动发送自己的精准位置和信息。在通信手段有限的无人区或海域上，这门"绝技"尤其受欢迎。北斗的赋能，让传统的牧业更便捷省心高效，成为科技助力美好生活的生动写照。

北斗不仅是中国人耳熟能详的航天重大工程，也深度融入经济社会发展、百姓工作生活中。从第一时间感知地质灾害隐患并发出预警，到用于危险品运输车限速提醒；从海上渔民口中的"千里眼""顺风耳"，到精准农牧业的好帮手……随着北斗系统的建设和完善，其在交通运输、农林渔业、水文监测、气象测报、电力调度、公共安全、防灾减灾等行业和领域的应用已极其广泛，向用户提供的服务也更加丰富，产生了显著的经济效益和社会效益。此外，北斗导航定位服务也被许多电子商务、移动智能终端制造、智能可穿戴设备等厂商采用，广泛进入大众消费和民生领域。目前，我国入网的智能手机中，70%以上可提供北斗服务。

我国是世界上第三个独立拥有全球卫星导航系统的国家。随着北斗三号全球卫星导航系统正式建成开通，世界上几乎任何一个地方都能够享受北斗系统开放、免费、高质量的导航、定位和授时服务。目前，北斗卫星导航系统与美国、俄罗斯、欧洲卫星导航系统的兼容与互操作持续深化，全球已有120余个国家和地区使用北斗系统，"中国的北斗"正成为"世界的北斗"。

"深化北斗系统推广应用，推动北斗产业高质量发展"，北斗产业化应用已写入"十四五"规划和2035年远景目标纲要，这给北斗的产业发展和行业应用带来了更多机遇，也提出了更高的要求。"天上好用，地上用好"是在北斗系统建设之初就提出的要求，"北斗未来的应用只受想象力的限制"是许多人对北斗的期许。推动北斗产业的健康发展，不断拓展北斗应用的广度和深度，走向全球的中国北斗大有可为，也必将大放异彩。

《人民日报》2021年4月22日第5版

期待民营商业航天飞得更高

在人类航天史和商业航天发展进程中，

挫折一直是激励前进并取得成功的"磨刀石"

日前，由民营航天企业蓝箭航天研制的运载火箭朱雀一号在酒泉卫星发射中心发射升空，在顺利经历几个飞行阶段飞出大气层后，最终未能将携带的卫星送入预定轨道。火箭研制方团队第一时间寻找原因排查故障，吸取教训、积攒经验，着手下一次发射。

许多航天爱好者在惋惜的同时，也评价了此次发射有值得肯定的地方。例如，与此前民营企业发射的不出大气层的亚轨道火箭不同，这枚小型固体火箭的运载能力可以将几百公斤的卫星送到太空，属于民企造出的"真正的火箭"，也被认为是第一枚民营商业运载火箭；同时，这也是民营航天企业第一次打通研发、制造、发射等全流程，获得了民用航天发射项目许可证，为今后的发射蹚出了一条路。如同著名科幻作家刘慈欣所形容的，这次发射的真正意义需要时间来展现，朱雀一号虽然未达到预定的入轨目标，但升上了令人瞩目的高度，预示着更多的新鲜血液、更多的创造力正在涌入中国航天。

众所周知，航天事业展现着人类的好奇心和探索精神，也体现了放眼长远的发展目光。改革开放40年来，民营经济贡献了70%以上的技术创新。随着创新要素越来越向企业集聚，一批批民营企业通过商业模式的创新、技术的进步、产品的颠覆，推动和引领行业发展。近一两年来，民营商业航天成为我国高科技领域创新创业的"明星"，这源于人们对"星辰大海"梦想的向往和对这个高投入产出比行业的看好。民间资本、民营企业造火箭、发卫星，或是搞卫星测控、遥感、导航、通信等，是航天事业的重要补充，符合全球发展潮流，且恰逢我国从世界航天大国走向航天强国的好时机。国家政策扶持、社会资本投入、公众热情支持等都体现着积极的一面，也为之创造了良好的环境。

航天事业是高风险、高难度、高投入的勇气型事业。尤其是作为初生牛犊的民营商业航天，在起步阶段不可能一帆风顺，需要进一步认识进入航天领域面对的挑战，做好啃硬骨头、跨越艰难险阻的准备。换个角度看，在人类航天史和商业航天发展进程中，挫折一直是激励前进并取得成功的"磨刀石"。太空探索事业，飞出大气层乃至飞出太阳系的梦想，从来没有因为挫折而停滞，也从来没有因为失败而消损信心。更多的，是以那些失败为起点，翻越一个又一个高度。中国航天事业迄今走过的60余年征程，也有着这样荡气回肠的故事。民营商业航天站在前人肩膀上，可以吸收的不仅仅是航天领域积淀的技术养分，还有厚重的航天精神和航天文化。

民营商业航天站上更高的起点，需要获得更多的机会和支持，这离不开技术创新。利用好我国60多年积累的航天技术和经验，配以民企快速灵活的运行机制，民营企业完全有可能在某些领域获得新突破，形成核心竞争力。企业踏踏实实地涵养技术，加强自主创新、练好内功，国家层面积极鼓励引导，相信民营商业航天将飞得更高更好。

《人民日报》2018年11月5日第18版

踏上火星不会那么遥远

有一样事物和太空技术同等重要，

并且有了它，人类才能走得更远，

那就是人们对共同命运的观照和面对风险挑战时的紧密合作

　　有没有可能，几十年后的人们往返于火星和地球旅行，成为一件稀松平常的事？随着对火星探索的不断深入，这样的未来看起来还是有可能的。

　　对这个距离地球最近5000多万公里、最远4亿多公里，用目前的星际旅行方式往返需要两年时间的"邻居"，人类一直没有停下探索的脚步。在太阳系，人类最有希望移民的"种子选手"星球非它莫属。遍布着沙丘砾石的这个红色星球，一天几乎也是24小时，一年也有四季交替，还有稀薄的大气。科学家们最近利用火星探测器的雷达探测数据分析认为，在火星的南极区域可能存在一个20公里宽的地下液态水湖泊。如果这个最新发现得以完全证实，就意味着火星上存在稳定的液态水。一段时间以来，不少人对火星有着持久的痴迷，火星题材的小说和科幻电影总有不少拥趸。而当前"火星热"的再度升温，很大程度上是因为"技术可达"——人类目前所掌握的太空驻留和地外星球登陆能力，包括对火星的熟悉程度，已经让人觉得踏上火星并不那么遥远了。从计划上看，美国国家航空航天局、欧洲空间局等几乎都把2030年作为一个登陆火星的时间节点，包括我国在内的航天国家目前也都有明确的火星探测或载人登陆计划。这些反映出世界各国对火星作为人类下一个太空目的地和新起点的认同，并为此进行着新一轮火星探测和载人登陆的技术储备。

不过，尽管近50年前人类就已经到过月球，好几台火星车也在火星坑坑洼洼的表面行走过，但人类要踏上火星，依然存在许多技术、生理和心理层面的挑战。例如在火星"必备科技"中，居住模块、植物农场、水回收循环系统、制氧设备、宇航服、太阳能电池板和核电池等，其中有些技术已相对成熟，但如果要真正应用到火星上去，由于火星环境特殊、距离地球遥远和星际通信延时等挑战，还需要很大改进。而与登陆火星、短时间驻扎相比，人类大规模移民火星虽然让人向往，但目前更多仍属于科幻小说中的桥段。根据迄今为止的研究，火星上适合人类居住的条件可谓"吝啬"。虽然液态水湖的存在，能给定居者提供水资源和能源来源，然而有科学家指出，作为火星上唯一能形成显著温室效应来保持温暖的二氧化碳，它的含量还不足以让人类在现有技术条件下实现火星的地球化——大气变厚、升温、保持表面液态水的存在，并让环境变得宜居。火星表面由氧化剂、氧化铁、高氯酸盐和紫外线所调成的"毒性鸡尾酒"，使得火星表面可能具有杀菌性，也影响星球的可居住性。当然，也有好的消息，如果火星上的永久性人类定居点要建设维持生命的基础设施，火星自黏性土壤可以现取现用，以提供稳定的结构材料供给。以人类科技发展的进度看，这些关于火星栖息条件的问题，相信假以时日都可以被解决。

当然，人类的星际旅行目的地不会只是火星。依靠梦想和勇气，人类已经走出了地球摇篮，并正在向宇宙更深处探索。有一样事物和太空技术同等重要，并且有了它，人类才能走得更远，那就是人们对共同命运的观照和面对风险挑战时的紧密合作。就像那些进入太空的航天员们往往都有一种共同的感觉：从太空俯瞰这个蓝色星球，第一时间想到的就是"我来自地球"。

让中国航天飞得更高

中国航天站在新的历史起点上，
要抓住快速发展的机遇期，认清自己的优势和不足，
锚定自己的发展目标，一步一步地创新赶超

　　最近，我国首颗高通量通信卫星实践十三号正式投入使用。这颗卫星突破了不少制约我国航天技术跨越发展的瓶颈技术，创造了我国及世界通信卫星多个"首次"，是中国航天技术水平的重要体现。从去年一年20次左右、最近1个月近10次的航天发射状态看，高密度发射将会成为未来几年中国航天的一大特征，无论是国家级的重大工程，还是商业航天的市场化项目，都将迎来一轮发展高潮。这既反映出中国航天的实力，也是中国航天发展进入新阶段的标志之一。

　　近几年的中国航天发展，可以说交出了一份很厚重的答卷。去年天舟一号货运飞船任务的成功，使得我国载人航天工程走完了"三步走"规划的前两步，叩开了空间站时代的大门。探月工程的嫦娥三号任务则完成了首次中国航天器"登月"，或将开启几十年后人类"重返月球"的序幕。北斗导航工程也进入了全球组网阶段，五年中从提供区域服务向全球服务拓展。其他如高分卫星工程、科学卫星项目和商业航天也都发展得有声有色，商业化的航天初创公司开始崭露头角。

　　这些既是中国航天值得骄傲的成绩，也是下一步挺进的基础。对处于世界第二梯队之首的中国航天来说，以科学目标和探索计划

为牵引，从航天大国走向航天强国，是始终明确的目标。从未来几年的航天发展规划看也是如此：中国空间站要在未来数年内建设完成，航天员已经开始空间站任务的日常训练；嫦娥四号、五号任务也很快就要开始实施，先后将实现月球背面着陆和取样返回；为了完成30多颗北斗卫星全球组网的目标，今年就要发射近20颗北斗卫星。在这么短的时间里完成这么多高难度、高跨度的航天计划几乎前所未有。毫无疑问，能够作出如此明确和具体的规划，也说明了信心和底气。

不过，建设航天强国不是一个"刻舟求剑"的静态目标，"不进则退"还不足以形容这种追赶的难度。对美俄等航天强国来说，它们不会干等着其他国家去超越，其创新的步伐不见得会比中国和其他发展航天的国家小；由于起点更高，它们的步子很有可能迈得更大。特别是航天强国处于"领跑"位置，它们的突然"变向"很可能会影响追赶者的脚步，甚至会导致其犹豫不决。如果追赶者缺乏定力，很可能就会自乱阵脚。例如，国际空间站计划2024年左右停止使用，这个消息曾让人认为美国等相关合作国家在太空失去了一个驻足点。但去年美国在搁置载人登陆小行星计划后正式提出重返月球并最终登上火星，这让国际航天界意识到，航天强国基于其深厚的实力基础，具有灵活的调整能力。

建设航天强国正式写入了党的十九大报告，中国航天由此站在新的历史起点上。对进入新时代的中国航天而言，当前最重要的就是抓住快速发展的机遇期，认清自己的优势和不足，锚定自己的发展目标，一步一步地创新赶超。此外，航天事业是对人类社会发展和科技进步影响深远的科技领域，中国航天界还需要以全球视野谋划开放合作，提升创新能力和国际影响力。这同样也是航天强国的重要标志。

载人登月　价值何在

即便是在今天，载人登月仍是非常复杂、庞大的系统工程。

就中国目前的航天水平，实现载人登月还面临很多技术上的挑战

最近，美国重返月球的新闻很热。媒体披露了美国一份新的太空计划，据称是出自美国总统特朗普任命的NASA（美国国家航空航天局）顾问团的主张：希望在3年内将人类送往月球轨道，并指出和冒险前往更遥远的太阳系深处相比，增强人类在地球与月球之间的活动能力将是NASA未来的重心。

其实，世界航天强国美国早在2005年就立下目标，准备在2020年载人重返月球，进而飞向火星。但后来奥巴马政府上台后取消了登月计划，提出2025年登陆小行星，2030年将人类送上火星。如今再次出现"反转"，个中原因或许复杂，但将人送上月球的现实可操作性可能是一个重要考量。而对正向航天强国追赶的中国来说，载人航天和探月发展已达到一定水平，载人航天工程和嫦娥工程两大工程也都在向最终目标冲刺，规划下一步更远更深的星际目的地可谓水到渠成。已宣布的计划2020年前后发射的火星探测任务是一个，载人登月虽然还没定论，但始终在人们的视野里。

人类早在20世纪60年代末就将航天员送上月球。从1969年7月到1972年12月，美国"阿波罗计划"共发射了7艘载人登月飞船，其中阿波罗13号因故障中途返回，其余6次都成功登月，并有12人在月球表面着陆，带回380多千克月球岩石。但之后载人登月归于寂静。

专家指出，即便是在今天，载人登月仍是非常复杂、庞大的系统工程，很多条件都不具备，载人登月对美国而言也仍有难度。当年的登月壮举，客观来说是两个超级大国冷战的结果，当时美苏飞船采用的很多技术都非常冒险，以现在的眼光作客观评估，可靠性甚至到不了50%。这也是目前世界各国包括美国在内，重返月球喊了很长时间，但依然未付诸实践的重要原因。

不过，并非只有美国突然想重返月球，不少国家其实也有登月打算。欧洲国家、日本、俄罗斯等都计划在未来20年内，将人送往月球。比如日本计划2025年在月球建立研究基地，俄罗斯计划于2030年实现载人登月。人类登月的计划再次摆上议事日程，反映出月球的重要性。尤其是在人类飞向火星、探测小行星、走向宇宙更深处的共识和大背景下，在38万公里之遥的月球上建立能源基地、科研基地等长期有人居住的设施，使其成为人类飞往火星的技术试验场、中继站和跳板，更是凸显出现实价值。

对中国航天来说，从技术上讲已具备了开展载人登月研发的基本能力。载人航天完成了十余次飞行任务，探月工程已经实现了绕月、落月的目标，嫦娥五号很快就将执行月球采样返回任务——在月球着陆，在月球表面自动采样，并从月面起飞，在月球轨道上和"轨道器"进行无人交会对接后带着月壤返回地球。这些都将为未来载人绕月乃至载人登月打下很好的基础。

当然，正如航天科学家指出的那样，就中国目前的航天水平，实现载人登月还面临很多技术上的挑战，比如需要更大的运载火箭，需要载人的登月飞船和各种着陆返回设施，这些都比现有的更复杂、规模更大。太空活动投入巨大，周期往往以5年、10年乃至20年计，我们或许有必要积极研究载人登月的中国方案，储备技术和能力，为将来有一天中国航天员真正踏上月球做好准备。

商业航天正发力

航天技术的竞争舞台在太空，

航天产业的竞争舞台在地球

　　5月17日，重庆零壹空间航天科技有限公司自主研制的首枚商业火箭"重庆两江之星"升空，并宣布发射成功。这引起了不少人的浓厚兴趣。毕竟在国内，民营企业研制火箭和卫星还不多见，加上马斯克的美国猎鹰火箭把商业航天的火越烧越旺，人们不由好奇：中国的商业航天会如何发力？

　　从数据看，刚刚发射的这枚"民营商业火箭"长度9米，是单级火箭，飞行高度是在100公里的亚轨道以下，且不搭载卫星进入太空轨道，因此属于一次试验飞行。

　　这枚"民营商业火箭"有自己的特色，它将当前先进的工业基础、电子元器件和其他新技术应用在火箭研发全过程，并较大幅度地缩短了研制周期。这正反映了民营企业或民间资本进入商业航天领域的机会和优势：利用几十年积淀的航天基础设施、技术积累和现代材料、制造、信息等新技术，通过大的投入和人才汇聚，并配以市场化、商业化的运行机制，能够较快地获得突破。马斯克的美国太空探索技术公司的成功，也正得益于此。

　　迄今为止，人类探索和利用太空，形成了两大潮流：一方面利用大推力重型火箭的能力，去实现载人登月、探测火星乃至人类踏足火星的科学目标；另一方面，在越来越旺盛的微小卫星发射需求牵引下，发展经济、灵活、便捷的运载火箭，利用好近地空间的太空资源，这也是目前商业航天的主要"疆域"。正是看到商业航天对航天产业的撬动作用，以及对建设航天强国的推动效应，我国也在鼓励引导民间资本和社会力量参与航天活动，目的是通过激发包括航天"国家队"、科研院校和民企等多种创新主体的力量，让新科技和航天技术加速融合，在做大做强航天产业的同时，也促进航天技术的进一步创新跨越。

不过，商业航天不仅仅是发火箭、放卫星，还可通过航天科技成果的转化和应用来拓展，比如用好北斗卫星导航系统，或将遥感、通信、气象等卫星资源进一步细化、深化和扩大应用规模。航天技术的竞争舞台在太空，航天产业的竞争舞台在地球。发展商业航天，需要掌握自己的核心技术，形成核心竞争力，才能在全球航天领域获得市场份额和话语权。

在商业航天热潮涌动中，要避免搞一些短、平、快的项目吸引眼球、吸引资本，也要避免低水平的重复。

航天是一个既能满足人们好奇心又能创造人类美好未来的领域，尤其需要长远的眼光和执着的耐心。

《人民日报》2018 年 5 月 18 日第 11 版

一起去火星吧

合作交流，

这是航天探索先驱们在几百公里高度俯视地球时，

感受到地球是人类家园时的共同心语，

也是实现人类在太空走得更远的梦想之舟

每年，全球的航天员都会相聚一次。近期，来自18个国家的91名航天员第一次聚首北京，代表全世界400多名穿越过大气层的地球人，回顾载人航天历史，前瞻未来的星际计划。

身着花色短袖衬衫、不显老态的首位太空出舱行走的宇航员列昂诺夫，花白胡子、多次在影视中客串扮演自己的登月先驱奥尔德林，以及年轻的航天员刘洋、王亚平……近距离接触这些有故事的太空探索者，对航天迷来说不啻一个盛大的派对。

如果是有心的旁观者，你在聆听航天员们心声、感受太空探险奇妙的同时，也能领悟到他们对"合作"的殷切期望。合作交流，这是航天探索先驱们在几百公里高度俯视地球时，感受到地球是人类家园时的共同心语，也是实现人类在太空走得更远的梦想之舟。

科学技术发展和科学探索的需要，以及一段时间的大国太空争霸竞赛，使人类的太空探索能力已向前推进了一大步。冷战时期的美国和苏联，为了掌握太空制高点，冒着极大的风险进行了各种太空载人技术试验。苏联把宇航员尤里·加加林首次送入太空，美国的阿姆斯特朗随后第一个登上了月球。冷战结束后，人类航天探索活动逐渐回归理性，各个国家或独立或合作，建立本国的航天技术体系；中国也通过自身的努力，跻身世界航天大国行列。在这个过程中，航天强国分享了自己的经验，合作逐渐成为共识。如今，美国航天飞机退役后，该国的宇航员需要搭乘继承苏联航天衣钵的俄罗斯联盟号飞船，才能到国际空间站——这在冷战时期是绝对不可想象的。

为什么要合作？航天员自己组织的太空探索者协会本身就给出了答案：它创办于1985年的冷战年代，创立的目标和梦想，就是"探索太空并将技术成果应用于同一个地球，最终反哺人类"。太空探索者们也把自己的体验和认识带回地球，应对人类共同面临的问题。去年俄罗斯的小行星撞击事件发生时，列昂诺夫就曾提议，"希望有太空经验的国家一起来探讨和应对""我们应该联合起来，保护我们的地球，拓展我们的梦想"。

从太空俯瞰蓝色星球时，人们内心确实容易激起相似的涟漪。第一个踏上月球的阿姆斯特朗"我的一小步，人类的一大步"已广为人知，沙特阿拉伯宇航员苏丹·萨勒曼的感悟同样精彩："在我飞行第一天，我关注我的国家，第三天开始关注大陆，到了第五天我的眼里只有一个地球。"

如今，大部分国家和资深的宇航员都已经意识到了这种合作的重要意义。奥尔德林认为，如果再去月球或者火星，不应该是发射一个巨型的载人飞船，而应该是多个来自各国的飞船，包括神舟号、联盟号或是其他飞船，各国飞船之间的接口应该有统一的标准。杨利伟说，中国未来的空间站，不仅设计了合作的实验平台，还预留了别的飞船停泊的接口。列昂诺夫将在明年迎来太空出舱的50周年纪念日，作为人类探索火星的支持者，他希望尽快开展各国航天员的选拔，重要任务是学习共同的语言。

反正，去火星，我们都是地球人。

抱定"在路上"的心态

后发优势最大的优点在于能够立足前人的经验和教训，

选择一条踏实、务实、殷实的发展之路

11月，天宫一号和神舟八号无人飞船在太空两次交会对接，谱写出太空之吻新恋曲。

尽管人类成功实现两个航天器第一次太空对接是在20世纪60年代，但天宫一号作为一个雏形空间实验室发射上天并两次交会对接成功，仍然获得了国际社会的高度评价。这也是因为，中国航天刷新新高度，同时也在挑战更大的难度。

今年7月，亚特兰蒂斯号在肯尼迪航天中心徐徐降落，美国持续30年的航天飞机时代正式谢幕。而预计到2020年，国际空间站将达到设计寿命，这个为宇宙探索作出巨大贡献的"功勋站"已经进入"老龄期"，很可能将步和平号空间站后尘，陨落于大洋深处。

或许只是时间上的巧合，航天飞机退役后3个多月的11月，中国首次交会对接开启了未来空间站建设的大幕。而在2020年前后，中国也计划在轨组装成60吨级的载人空间站。

人们不经意间发现，在人类探索太空的征途上，中国肩上的担子正变得越来越重。与此同时，我们仍然要保持冷静，中国航天起步晚，是一个"后发者"，要承担人类和平利用太空、探索深空的更大责任，立足点依然是这个后发优势。

后发优势最大的优点在于能够立足前人的经验和教训，选择一条踏实、务实、殷实的发展之路。50年前的4月12日，苏联宇航员尤里·加加林驾驶"东方"号飞船从拜科努尔发射场启程，实现了人类的首次太空之旅。50年来，人类航天历程充满惊喜和震撼，也历经悲壮和曲折。在"中国飞天第一人"杨利伟乘坐神舟五号飞船进入太空之前，有四艘神舟飞船用来测试技术；嫦娥一号卫星走出地球轨道前往40万公里之遥的月球，奔月之路也是利用现有成熟的卫星综合技术。而作为庞大工程的中国载人航天计划，也是采取了务实、稳妥的三步走发展战略：先搞飞船，再建空间实验室，然后建设空间站。

后发优势还在于能够以多元思路碰撞、开放合作的心态开拓进取。20世纪的美、苏两国马拉松式的太空竞赛，已被航天领域和世界各国所摒弃，创新与合作成为人类探索太空、利用太空的主流。在国际空间站，不同国别、各种肤色的航天员紧密合作，多国参与的科学实验包含了不同国家提供的实验材料、方法和条件。而神舟八号上的中德合作生命科学实验、中国志愿者王跃参与的人类首次模拟火星登陆试验，也显示了合作是提高效率的有效途径。中国航天事业在独立自主的基础上，汲取人类的智慧结晶，在合作的过程中感受思维碰撞，有助于擦出创新的火花。

毫无疑问，追赶的目标是要跑到队伍的前列。即使有一天，当我们不再追逐他人，但为了追赶伟大的科技创新和突破，我们始终要抱定"在路上"的心态。

《人民日报》2011年11月21日第20版

梦想比太空更深邃

从追逐梦想的发展历程看，

中国航天梦简直就是中国梦的缩影：务实、自信、从容

　　神舟十号飞船于6月11日下午5时38分，载着三名航天员腾空而去，用几分钟穿过大气层后，实时送出的蔚蓝色地球画面，让观看中国载人航天发射的全世界观众感受太空浩瀚之美。

　　这是第十艘神舟飞船成功飞往太空，1999年到2013年的14年间，五次无人，五次载人，十发十捷。今年又是中国人进入太空的第十个年头，在杨利伟首次飞天之后，十年中共有10名中国航天员12人次飞到太空，环游，太空漫步，或开着飞船登陆天宫一号这个太空之家。

　　中国人对"十"有着特别的感情，既有对圆满的美好祝愿和向往，也有着重新归零再次出发的意味。神舟十号的出发也正踩在这样的关键节点上——它不仅是中国载人航天工程三步走第二步第一阶段的收官之战，也开启了中国载人航天应用飞行的先河。

　　在人类探索太空的梦想征程上，中国人知道自己是后来者，但始终有着敢上九天揽月的豪情壮志。在世界航天领域，中国仍走在从航天大国迈向航天强国的路上。十艘神舟飞船，正载着中华民族的航天梦，向太空深邃处进发。

　　中国的载人航天梦想规划得很务实。载人航天事业20世纪90年代才真正起步，比美国、俄罗斯晚了三四十年，但务实的态度反而成就了跨越和高效的结果。载人航天三步走的规划，立足自己的

条件，不超前、不浮躁，照顾了中国国情，考量了当时科技实力，也前瞻了未来发展趋势。由于务实和独立自主的技术积累，因此我们也有了跨越发展的底气和经济高效的产出：神舟飞船采用了当代国际先进水平的技术，如今它是目前人类主要的天地往返载人运输工具之一；在空间站建造必需技术之一的交会对接技术试验中，中国人颇具智慧地研制了天宫一号目标飞行器，作为交会对接的目标，大大减少了飞船的发射次数，降低了成本，甚至部分超前地实现了空间实验室的试验目标。

太空之旅目的和航天员角色的变化，以及人们心态的转变，也显示着中国航天梦的追逐正进入一种新境界。也是去年6月，三名"神九"航天员第一次鱼儿般游入天宫一号，当三人在镜头面前挥手致意时，女航天员刘洋差点要飞起来的姿态引起了地球上人们的善意笑声。如果中国载人航天发射是一部惊险大片，那么现在人们在观赏的时候少了紧张，多了享受。"神十"女航天员王亚平即将在太空进行的一节40分钟科普课，为"神十"的应用性飞行做了最好的注脚——"神十"如今是为科学而飞，为航天梦贴近每一个中国人而飞。

从追逐梦想的发展历程看，中国航天梦简直就是中国梦的缩影：务实、自信、从容。对航天梦而言，能够达到的高度是宇宙的最深处；但对每一个人而言，梦想比太空更深邃，它没有极限，是不断超越自身的局限。

中国梦，当然是每个中国人不断超越的梦想故事。

《人民日报海外版》2013 年 6 月 12 日 第 1 版

神舟，放飞梦想成就辉煌

正是"两弹一星"精神、航天精神和载人航天精神
这些流淌在航天人血脉中的无形力量，
凝聚起中国航天拔节生长的不竭动力

最近，"神舟"一词上了网络热搜。网民的众多评论反映了同一种感慨："神舟"居然已有20年！不经意间，这艘中国太空飞船的名字已是耳熟能详，一提起它，总让人打心底涌起一股民族自豪感。

1999年11月20日，中国第一艘无人试验飞船神舟一号成功发射升空，这既是我国实施载人航天工程"三步走"计划的第一次飞行试验，也是中国航天史上的重要里程碑，"神舟"从此成为载人航天的代名词。20年过去，共有6艘载人飞船、5艘无人飞船和2个空间实验室被送入太空，有11名中国航天员、14人次飞出地球，留下了中国人遨游太空的身影。杨利伟首飞、"神七"太空出舱、景海鹏三次飞天、"天宫"上演太空科普课……载人航天工程一次次关键技术的突破和科学应用效益的显现，谱写了中国人探索太空的壮美篇章，成为人们记忆中的经典。这些难忘的瞬间，总能激荡起每个人与时代共振、同国家一道前行的奋斗豪情。

神舟一号飞船实现的一趟太空往返，背后涵义并不简单，它意味着中国航天用短短七八年时间走完了发达国家三四十年走过的路。相比发达国家进行载人飞行前要发射10余次试验飞船，中国更是只用4次无人飞行试验就实现了神舟五号的载人飞行，这在世界航天史上堪称奇迹。辉煌的成就如何铸就？神舟系列飞船首任总设计师

戚发轫有着一番深刻感受：20多年来，载人航天工程不仅取得了举世瞩目的辉煌成就，更铸就了"特别能吃苦、特别能战斗、特别能攻关、特别能奉献"的载人航天精神。毫无疑问，正是"两弹一星"精神、航天精神和载人航天精神这些流淌在航天人血脉中的无形力量，凝聚起中国航天拔节生长的不竭动力，把中华民族非凡的创造力刻入人类文明发展的光辉史册。

不只是"神舟"，从东方红一号使中国成为世界上第五个自行研制和发射人造卫星的国家，到北斗系统跻身全球四大卫星导航系统，再到嫦娥四号代表人类航天器首次将足迹刻在月球背面，一代又一代航天人接续努力，推动中华民族的飞天步伐不断加速。

星空浩瀚无比，探索永无止境。中国航天事业快速发展，中国人探索太空的脚步将迈得更大、更远。中国空间站、月球采样返回、火星探测的这些目标正在不远的未来向我们招手。怀揣着为航天强国建设续写更大的辉煌使命，广大科技工作者、航天工作者必定会为人类和平利用太空、推动构建人类命运共同体贡献更多中国智慧、中国方案、中国力量。

《人民日报》2019 年 12 月 2 日 第 19 版

"太空快递"，走在我们自己的路上

正是中国航天人自强不息和自主创新的勇敢气魄，

使载人航天工程从一开始就占据了高起点

4月27日晚，一周前发射升空的天舟一号货运飞船，在393公里外的太空轨道，用5天时间对天宫二号空间实验室成功实施了推进剂加注，中国因此成为世界上第三个独立掌握这一关键技术的国家。

天舟一号是第一艘中国造的货运飞船，它的这趟太空之行，具有标志性意义——作为载人航天工程空间实验室飞行任务的收官之战，对空间站工程后续任务顺利实施极为重要。如国际航天界所公认，"推进剂在轨补加能力是维持人类在太空常驻以及空间站建设运行的重要一环""没有货运飞船，空间站就无法长期运行"。如果把中国载人航天"三步走"比喻为"三级跳"的话，天舟一号任务是"第二步"的最后一块拼图，是"最后一跳"跃向空间站的跳板。被国人昵称为"太空快递小哥"的成功抵达，让中国航天站到了又一个新高点，来到了"空间站时代"的起点，甚至一只脚已经迈入了"空间站时代"，这是中国从航天大国迈向航天强国的一大步。

中国航天的奇迹是如此令人瞩目，往往让人忘记中国航天是多么年轻。以1970年第一颗人造地球卫星东方红一号进入太空为标志，中国真正进入航天时代才40多年。1992年立项的中国载人航天工程，仅用短短25年时间就完成了"三步走"规划中的前两步：第一艘神舟飞船实现太空往返，是用短短七八年时间走完发达国家三四十年走过的路；杨利伟乘坐神舟五号进入太空时，相比发达国家进行载人飞行前要发射10余次试验飞船，中国只用4次无人飞行试验就实现了载人飞行，这在世界航天史上都是个奇迹。从航天员飞天、太空行走，到发射"天宫"、空间交会对接，再到天舟一号"叩开"空间站时代的大门，这些关键词串起了中国载人航天惊心动魄而又激动人心的轨迹和回忆。

国外习惯用"雄心勃勃"来形容中国的空间站计划，但这更是一个着眼长远的科学计划。空间站是目前最好的科学实验和技术试验太空平台，国际空间站为全人类作出的巨大贡献也有目共睹。即使在小行星探测、火星探测等热门计划不断的今天，空间站建设仍是人类最重要的航天计划之一。从商业航天不断降低发射成本的趋势看，未来，空间站或是近地轨道的太空设施可能只多不少。

空间站计划也可以看成中国对航天强国的追赶计划，让人看到中国探索浩瀚太空、发展航天事业、建设航天强国的大国雄心和坚定信心。作为占据科技制高点的航天技术，没有哪一个国家会随随便便把自己的核心技术拱手送人，核心技术也是花多少钱都买不来的。幸运的是，中国航天因此走了一条自主创新的道路，中国载人航天工程首任总设计师王永志为此感慨："正是中国航天人自强不息和自主创新的勇敢气魄，使载人航天工程从一开始就占据了高起点。"中国航天的创新意识、创新能力、创新自信，为全社会树立起榜样。

成熟催发自信，自信敢于开放。人们看待中国航天的目光更加轻松了，轻松感正是源于自信的底气。去年天宫二号和神舟十一号提前公布发射时间精确到分，让以往所谓神秘的发射时间变得无须猜测，可以透视出中国航天的成熟和自信。双脚被重力束缚在地球上的人类，如今飞出大气层建起"太空之家"，这是一件多么具有想象力的事情！保有良好的心态、清醒的头脑、开放的姿态，让我们一起迎接中国空间站时代的到来！

中国航天，"放松感"源于自信心

放松，不刻意，少了一些程式化，却又能放能收——这是航天员给人留下的新印象，也很像中国航天人队伍乃至中国航天事业带给世界的新印象

酒泉卫星发射中心，在度过一个热闹的不眠之夜后，爽朗的大漠清晨，终于迎来了激动人心的一刻：长征火箭腾空而起，在响彻天际的巨响声中，将航天员景海鹏、陈冬搭乘的神舟飞船准确送入太空轨道。

观看完发射的人们欢欣鼓舞，为发射的精彩所震撼，流露着对国家实力的信心。发射指挥大厅内，人们脸上的表情很放松，指挥员的一个个口令声清脆、流畅，听不出一丝紧张。镜头回放到几小时前，两名航天员穿着航天服缓缓走过欢呼的人群，微笑挥手，随意从容。面对着载人航天总指挥，"我们奉命执行神舟十一号飞行任务，准备完毕，请指示！"他们的喊声铿锵有力。

放松，不刻意，少了一些程式化，却又能放能收——这是航天员给人留下的新印象，也很像中国航天人队伍乃至中国航天事业带给世界的新印象。发射前，无论是和景海鹏、陈冬的个别交谈，还是他们在中外媒体见面会上的表现，都给我们留下如此鲜明的印象。即便是第一次飞向太空的陈冬，也是抱着"享受失重"的心态，轻松对答。如果说，随着科技实力的提升，航天员由于在太空能够飞得更久、更加有自主性，那么在地面上，他们同样表现出了自信、自如。他们是人们心目中的英雄，也是更具亲和力的使者。

放松源自信心，信心源自实力。中国航天的"放松感"源自于

航天事业的蒸蒸日上。神舟十一号飞船发射的10天前，也就是10月8日，正是中国航天事业创建60年的标志性日子。1956年10月8日，由钱学森担任首任院长的国防部第五研究院成立，标志着中国航天事业的创建。60年后，中国已经成为航天大国，正大踏步地迈向航天强国。

从东方红一号卫星，到北斗卫星导航系统；从长征系列火箭的首飞，到即将迎来的长征五号大型火箭发射；从嫦娥一号卫星到嫦娥三号探测器；从航天英雄杨利伟一飞冲天，到景海鹏三次进入太空……中国载人航天进入第二十五个年头，六次载人飞行把11名航天员送入太空，逗留太空的时间也从一天延长到三十天……钱学森当年在为学生们悉心讲授《星际航行概论》时，或许不会预料到中国航天会迎来这么快的超越。而对美国、俄罗斯等世界航天强国来说，他们眼中中国航天最厉害的还不是发射了多少颗卫星、去过多少次太空，而是拥有一支年轻的航天人队伍，能让中国的太空探索事业走得更远。

比实力更强大的，是对梦想的坚持。景海鹏和陈冬在进入太空那一刻的挥手致意，看似轻松的同时，其实正开始承受失重的困扰。在能够成为"神十一"航天员之前，他们光是为准备这一个任务就已经训练了4000小时。景海鹏能够三次进入太空，那是因为50岁的他仍然和18年前的自己一样，有着同样的梦想、同样的坚持、同样的认真，就像他说的，"不忘初心、矢志不渝，当好一名航天员"。

是啊，无论你是谁，平凡或不平凡，当你抬头看到火箭撕破空气，呼啸着穿过苍穹，你会清晰地知道，梦想就是梦想，它总能让你充满力量和执着。而这，也可能就是航天人之所以坚持、甘于奉献的原因所在。

"大国重器"彰显创新的自信

C919让人们体认到"大国重器"更加丰厚的内涵：

通过大飞机等多维度战略发展平台，

中国创造已经在跟全球顶尖创新体系对标

近日，中国自主研制的喷气式大型客机C919成功完成首次蓝天之旅，79分钟的飞行表现惊艳了世界。历史将永远刻印这一瞬间：飞机降落，首飞机长和飞机总设计师紧紧相拥，现场人群发出震耳欲聋的欢呼。

作为我国首次按照国际适航标准研制的150座级干线客机，C919首飞成功标志着我国大型客机项目取得重大突破，堪称中国百年航空工业史上值得记录的重头戏。C919对标的是成熟、主流的波音737和空客320机型，旨在加入全球干线客机市场竞争，成为令人信赖的出行选择。在全球民用干线飞机制造领域，几乎没有人相信还有谁能打破波音和空客垄断的局面，但如今C919的首飞成功，让人看到中国的大飞机事业既有远大的目标，也有坚实的行动。

C919身上洋溢着新的时代气质：开放、创新和自信。首飞直播时，外国网友惊叹居然有驾驶舱的实时画面，有人甚至呼吁波音和空客下一次的新机型首飞时也"搞一个"。和中国第一架喷气式大客机"运十"不同，C919追求的是在全球市场的商业成功，因此在全球合作程度极高的民机行业，它既要顺应全球供应链配置的趋势，也需筑牢自主创新的核心竞争力。"'造壳'也是核心技术""C919

的整体设计由中国自主实现，这是项目的顶层规划和关键技术"……矢志获得全球用户青睐的中国大客机，并不怕"只是造了个壳"之类的质疑，在它之前起飞的高铁技术也曾遭遇过类似拷问。

C919首飞的历史性瞬间已成过去。今后，从试飞取证、量产到获得安全高效的飞行记录、赢得用户信任，任务依然艰巨。但有一点毫无疑问：映照着几代航空人近半个世纪的接续奋斗，凝聚着22个省市、200多家企业、近20万人的共同托举，这一"大国重器"必将成为建设创新型国家和制造强国的标志性工程。正因此，一架大客机绝不仅仅是一个标签，它让人体认到"大国重器"更加丰厚的内涵：通过大飞机等多维度战略发展平台，中国创造已经在跟全球顶尖创新体系对标。

"创新是一个民族进步的灵魂，是一个国家兴旺发达的不竭动力，也是中华民族最深沉的民族禀赋。"近年来，中国的科技创新更加具有全球视野，主动融入国际竞争与合作的潮流，在不少领域已经和领跑者并肩而行。从实验室中生命科学研究的新进展，到量子保密通信和量子计算机研究领域的新突破，从FAST"观天巨眼"搜寻百亿光年外的宇宙信号，到"蛟龙号"探索深海奥秘……中国科学家的身影更加频繁地闪现在世界科技前沿阵营。在日常生活中，中国科技公司的人工智能、大数据等互联网技术和应用产品，也逐渐超越了学习模仿阶段，正在向外输出自己的创新能力。

一位外国观察家曾说："如果中国能够在航空领域真正成功，那它基本上可以说会无所不成。"这一判断，可谓对近期中国科技进步的生动注解。天舟发出首单"太空快递"、首艘国产航母下水、世界首台光量子计算机问世……当自主创新的进度条一次次被刷新，中国人的民族自信心也一次次被点燃。展望未来，激荡着的中国信心，也必将助推中国科技翻越一道又一道雄关。

预警机精神有时代意义

预警机研制团队义无反顾、前赴后继，
用生命、热血和汗水换来了整个事业的成功与胜利，
也赋予了预警机精神生动的灵魂和鲜活的血肉

中国预警机工程，是在党中央、国务院、中央军委部署下，举全国之力建设的国防科技工程，其直接成果，是中国预警机装备的"从无到有、从有到强"和中国国防从国土防空型向攻防兼备型的转变。更具深远意义的成果，是培养了中国军工电子事业发展的人才梯队，催生了"自力更生、创新图强、协同作战、顽强拼搏"的预警机精神。

预警机是现代国防信息化的核心装备，也是体现国家综合实力和科技水平的标志性装备。中国的预警机事业起步时，对外，是西方国家的严密封锁，引进不得、合作不能；对内，是国防急需，但工业基础薄弱、技术基础薄弱、人才队伍匮乏。这种"两难"境地，将中国预警机事业推到了"自力更生、创新图强"的道路上。以王小谟为代表的预警机研制团队，主动请缨，坚定"中国人自己干""中国人自己行"的决心与信心，坚持"要做就做最好"的自我要求，使两型国产预警机创造了世界预警机发展史上的新纪录。

预警机工程是一项庞大而复杂的系统工程，其研制工作浩瀚复杂、环环相扣，任何微小失误都可能导致整个工程的失败。跨技术、跨行业、跨军兵种在时域和空域上的高度复杂的协同作战，为预警机工程注入了强大的推动力，数十个参研单位、数以万计的参研人

员自觉服从大局、同舟共济、群策群力、协同作战，集中力量办成了大事。

在整个事业的推进过程中，顽强拼搏的主观能动性得到了充分体现：不仅要"从无到有"，还要从依赖进口到实现出口，这是预警机事业良性循环、不断发展的需要。在目标设定上，不仅要"有"，还要"优"，两型预警机的很多性能指标世界领先；不仅研制出了系列预警机，而且布局和发展了新一代预警机，实现了预警机从整机到元器件的完全自主创新，将预警机装备发展的主动权，牢牢掌握在了中国人自己手里。在具体攻关上，所有时间节点都是计划倒排；"5+2"、"白加黑"、长年出差都是常态；患上航空性中耳炎、腰椎间盘突出等职业病也是常态；甚至有同志倒在科研试验现场，为预警机事业付出了宝贵生命。但这些都没有吓倒预警机研制团队，他们义无反顾、前赴后继，用生命、热血和汗水换来了整个事业的成功与胜利，也赋予了预警机精神生动的灵魂和鲜活的血肉。

预警机精神具有时代意义。继"两弹一星"精神、航天精神、载人航天精神之后，它进一步发展与延伸了中国军工精神的内涵；它以"国家利益高于一切"的使命感和责任感，进一步诠释了党的十八大提出的24字社会主义核心价值观中的"爱国、敬业"等内涵；它以"自力更生、创新图强、协同作战、顽强拼搏"的真实历程，再次向国人昭示了中华民族的精神脊梁所在，进一步传承和发扬了以爱国主义为核心的民族精神和以改革创新为核心的时代精神。它将在相当长一个时期内，指引中国军工人，尤其是军事电子人继续奋斗，为"构筑国家经络体系，巩固国家富强基石"而不懈奋斗。

《人民日报》2013年1月28日第20版

国产大客机，与全球竞争力对标

在高端复杂的民用航空工业领域，

C919是少有的新来者、真正意义上的竞争者。

它体现了我国高端制造业和创新体系与全球竞争力的对标

当11月2日下线的首架国产大客机C919如约而来时，现场沸腾了。从首架机的研制到总装下线，人们盼了7年。40年前曾参加"运十"大飞机研制的老一辈航空人，个个眼噙泪水，体味这一历史时刻，他们深知民用航空工业不可替代的战略地位，更懂得它发展起步之难。

在高端复杂的民用航空工业领域，"大飞机俱乐部"并非想进就能进的。当前，干线客机市场长期被波音和空客两家垄断，C919是少有的新来者、真正意义上的竞争者。它对中国的意义，不仅仅是一款按照最新国际适航标准研制的民用客机那么简单，还体现了我国高端制造业和创新体系与全球竞争力的对标。C919不仅代表了技术上的突破，更具备切分市场的潜力，相当于波音737和空客A320机型。虽刚下线，但已获500多架订单。

有人质疑C919是"黄皮白心"，称机载关键系统都是采购自国外，并非自主研制。毋庸讳言，在某些关键部件上，我们和世界先进水平相比仍然差距不小。然而，正如专家所说，判断一架飞机是否为本国制造通常看三个标准，即整机产权归属、研制整机的核心团队、整机研制的关键环节。除了整体的机型设计，C919共实现了102项关键技术的攻关突破。C919无疑属于"中国制造"，是自主创新的硕果。

很多人惊讶地看到，供应商名单上出现了不少国外企业的身影。其实，这很自然。C919采取的"主制造商—供应商"发展模式，是国际主流模式。更何况，"一架飞机"和"一架有实力切入商业市场的民航飞机"，是完全不同的概念。C919是面向商业市场的机型，必须利用全球化的便利。遵循国际标准，进行全球采购，对C919打入国际市场是极为必要的。

设计水平先进、国产化率超出最初设想，C919无疑是中国民用航空工业交出的优秀作品，也是中国航空领域实现跨越式发展的关键一跃。它背后蕴藏的市场空间和创新红利，值得我们付出更多的宽容和耐心。据预测，未来20年仅中国市场就将接收5500多架新机，总价值高达6700多亿美元。C919采取"中国设计、系统集成、全球招标，逐步提升国产化"的路径，不仅让我们能抓住时间窗口驶入这片蓝海，而且能通过技术转移、扩散、溢出，带来长远的辐射效应。比如，C919采用了第三代铝锂合金材料、先进复合材料，而这些新材料、新技术和新工艺的应用，正是我国高端制造和全球竞争力对标的体现。用发展的眼光看待C919，它还是一个提升"中国制造"的项目平台。有了这个平台，中国装备的国产化率不断提高，只是时间问题。

C919的"C"是中国英文名称的首字母，有人说这个取名也隐藏着和波音、空客公司三分天下的雄心。这当然是一种美好期望。事实上，要真正"使自己的大飞机早日翱翔蓝天"，对C919来说，还要闯过商业飞行前的几道关；对中国装备制造能力来说，还需要进一步提高。我们不应苛求C919立刻拥有一步到位的"逆袭"竞争力，但是，只要以强大的对手为坐标，一步一步走稳自己的路，哪怕起步有些迟，我们还是有希望争得应有的一席之地。

大客机梦想的"关键一跃"

中国人始终有自己的大客机梦想。

只有在牢牢把握自主创新和核心竞争力的基础上，

遵循、掌握和拥有一套国际认可的高标准体系，

才能拿到公众信任的登机牌

　　2014年倒数第二天，历经十多年的研制、试飞之后，我国首款按照国际标准自主研制的国产喷气支线客机ARJ21—700，拿到了型号合格证，意味着飞机具备了可接受的安全水平，向交付运营迈出坚实一步。不过，还有非技术的考验在后面：如何让航空公司认同、获得大众用脚投票的信任？

　　国内航空业界专家和研制方，对此信心十足。去年11月的珠海航展上，飞机研制方中国商飞公司的董事长金壮龙，没有事先安排就临时登机体验飞行。颁证当天，中国民用航空局局长李家祥专程乘坐这款飞机从上海飞到北京，他的体会是：飞行高度、舒适性不亚于其他同类飞机。

　　这自信并非敝帚自珍，而是有技术和订单数目作支撑。现代民机制造业中，喷气客机是尖端科技集大成者。难能可贵的是，ARJ21作为我国首款喷气客机，研发阶段就拿到了欧美发达国家的订单。2008年11月，中国商飞公司与美国GE金融航空服务公司一次性签署了25架购买协议。迄今为止，各种订单总数达到278架。

　　ARJ21的成功与它一起步就高标准、严要求有关。虽然只是一款中短程支线客机，但其试飞考验可是世界级的，而且是世界上

试飞时间最长的一款新型客机，超过了波音的梦想飞机787。它经过各种关键科目和全部飞机级大型地面的试验，成功挑战了极端环境。比如，为了证明能在±40℃的极端气温下正常运转，飞机先在-42℃的低温中冷冻12小时，特意选择日出前一小时最冷的时候开动。由于等待适合天气几年而不得，去年三四月份还前往北美五大湖区做自然结冰试飞。这一段主动出击的3万公里环球飞行，验证了国产客机"闯荡世界"的能力。

在民用航空领域有句话：真正的核心竞争力并非制造几架先进的飞机，而在于拥有一套国际公认的、高标准的民用航空标准体系。新研制的飞机，只有在这套标准体系中证明自己的安全品质，才能获得市场通行证，这就是适航取证。ARJ21的适航取证，是在中国民用航空局的审查和美国联邦航空局"影子审查"下开展的。"影子审查"意味着，飞机的设计制造也要满足美国联邦航空局、也是大多数国家认可的国际标准要求。遵循这样严格的标准研制、生产和试飞的客机，才可能被用户信任，进入全球市场。

当初波音787和"空中巨无霸"空客A380投入运营时，人们争先恐后购票体验。中国喷气客机若想复制这种盛况，难度不小，但ARJ21的研制和适航审定，无疑是倒逼中国民用航空局建立完善大型客机的适航审定能力和标准体系，帮助国产客机将来无阻碍地进入全球市场，乃至获得商业成功。

中国人始终有自己的大客机梦想。在全球合作程度极高的民机行业，只有在牢牢把握自主创新和核心竞争力的基础上，遵循、掌握和拥有一套国际认可的高标准体系，才能拿到公众信任的登机牌。从这个意义上讲，ARJ21堪称我国民机发展史上的一个里程碑，是不可替代的探路者，也是触摸梦想的关键一跃。正是有了ARJ21，我们才更有信心让承载中国大飞机梦的C919大型客机积蓄力量、飞上蓝天。

第四章

换道赛车

当前，科技正驱动人类社会进入万物互联的智能化时代。回望人类的科技发展轨迹，科技变革和革命的周期越来越短。如果说农业时代以千年计，工业时代以百年计，那么 20 世纪以来，科学技术的演进就是以几十年乃至几年计，深刻改变人们生活的互联网时代也已经是 21 世纪第一个十年的事情了，智能化的浪潮又一次以前所未有的广度和深度奔涌而来。

科技的快速进化，也为中国科技的迎头赶上甚至超越提供了更多的新赛道。从互联网、移动互联网时代酝酿并推动的数字革命，到云计算、大数据、人工智能、5G 等新技术，中国科技紧紧抓住机遇，打造了自己的优势，积攒了迈向科技强国的底子和底气。实践证明，无论未来有多少轮科技革命，只要看清趋势，找准方向，中国科技将带来更多更大的惊喜。

智能化，释放发展新动能

新一轮科技革命和产业变革的历史性交汇，

为中国制造业转型升级提供了历史性机遇

当前，智能化浪潮由线上向线下奔涌，大数据、云计算、人工智能和5G技术等数字技术与传统产业加快融合。从智能化改造，到搭建工业互联网平台，再到建设数字化车间、无人工厂、智能工厂等，智能制造成为传统制造行业转型升级的破题之举，不少地方已展开一系列的实际行动。

加快推进智能制造，是制造业升级的必然路径，也是形成更多新的增长点的有效途径。不久前，中央全面深化改革委员会第十四次会议强调，"以智能制造为主攻方向，加快工业互联网创新发展，加快制造业生产方式和企业形态根本性变革"。今年的《政府工作报告》也明确指出，"发展工业互联网，推进智能制造"。这反映出，智能制造正日益成为未来制造业发展的重大趋势和核心内容，对推动工业向中高端迈进具有重要作用。加快推进新一代信息技术和制造业融合发展，提升制造业数字化、网络化、智能化发展水平，才能进一步加速推动"制造"向"智造"的转变。

当前，数字技术开始由消费领域向生产领域、由虚拟经济向实体经济延伸，正在重新定义生产链条，自动化、数字化和智能化的新制造呼之欲出。在数字化车间，生产链条的各个环节进行积极的交互、协作与赋能，提高生产效率；在智能化生产线上，产业工人与工业机器人并肩工作，形成了人机协同的共生生态；通过3D打印这一变革性技术，零部件可以按个性化定制的形状打印出来……软件更加智能，机器人更加灵巧，生产线更加"聪明"，网络服务更加便捷，生产方式不断优化，上下游资源加速整合。新一轮科技革命和产业变革的历史性交汇，为中国制造业转型升级提供了历史性机遇。

智能制造重在发挥智能科技和制造业深度融合的"化学反应"。工业互联网作为新型基础设施的重要内容，可通过实现人、机、物的全面互联，打通从研发到市场的全价值链。尤其在实现智能制造的过程中，人工智能等新技术融入先进制造技术后，可实现从产品设计到生产调度、故障诊断等各个环节的智能化驱动，在提高效率、降低成本的同时实现个性化、定制化的生产制造，从而提升产品的科技溢价。山东青岛的一份调查显示，智能化改造后，企业的平均生产效率提升20%以上、运营成本降低20%左右、产品研制周期缩短35%左右；江苏常州的一项抽样调查也显示，当地企业智能化改造后，智能车间产值提高约70%，单位产值成本下降约20%。而智能化的全面深入，还会催生数字制造、智能制造、服务型制造等新型制造模式，增强产品的市场竞争力。

智能化的意义不仅在于优化生产和供给，更在于能够借助大数据与算法，成功实现供给与需求的精准对接，从而实现个性化定制和流水线生产的有机结合。一些老字号品牌通过消费端数据分析，制造出更适合年轻人偏好的产品，能让老品牌获得新生。一些制衣企业利用大数据技术，存储了个性化定制西装的所有信息，包括衣服每个部位的尺码、选择的材料、缝制时需要的工艺等，使得在一条生产线上可以生产款式、面料、风格、尺寸等细节各不相同的西装。通过大数据和云计算分析，可以把线上消费端数据和线下生产端数据打通，运用消费端的大数据逆向优化生产端的产品制造，为制造业转型升级提供了新路径。

随着新基建的加快推进，智能制造迎来了更好的发展良机。5G

基站以每周1万多个的数量增长，多家龙头企业搭建的工业互联网帮助中小企业加入智能化大军……通过政府、企业等各方形成合力，持续深入推进智能制造，将会让更多的制造企业受益，并为产业转型升级和经济高质量发展释放更多新动能。

《人民日报》2020年7月13日第5版

智能化转型呼唤新信息技术

IT 科技是提供智能化变革所需，

融合了人工智能、5G、云计算、物联网等的

技术、服务与解决方案

当前，从智能制造到智慧交通、远程诊疗、在线教育等，各行各业正经历数字化、智能化转型过程。这也对支撑数字化和智能化的信息技术（IT）基础架构提出更高的要求，"新IT"逐渐成为行业共识——IT科技不再是传统的信息技术，而是提供智能化变革所需，融合了人工智能、第五代移动通信技术（5G）、云计算、物联网等的技术、服务与解决方案。推动数字经济和实体经济深度融合，加快产业智能化变革，离不开"新IT"的支撑和赋能。

随着智能终端和数据越来越多，网络的传输速度越来越快，覆盖面越来越广，对云端的存储和计算能力提出了更高的要求。尤其是5G在加速行业智能化变革的同时，也让包含云计算中心、网络管道和终端的传统"云—管—端"IT架构变得力不从心，从而催生出新的架构。

例如，以往所有终端的数据都通过一条网络管道通向云端，进行存储、计算、分析，再传回结果。进入5G时代后，数以百亿计的物联终端接入网络，如果单纯依靠云端，一旦网络出现拥堵，不仅降低效率，对自动驾驶等智能应用甚至会产生严重影响。这必然会推动计算力向智能终端一侧下沉，边缘计算应运而生。因此，新的IT架构中，不仅包括传统的智能终端、网络和云计算中心，还扩展

出边缘计算、人工智能等，帮助各行各业实现智能化转型。

"新IT"将进一步助力5G落地，推动数字经济加快发展。一方面，5G已成为产业智能化变革的先导性技术和数字经济的基础设施，在"新IT"中的角色不可或缺。另一方面，目前我国已建设80万个5G基站，建成全球规模最大的5G网络，相关应用场景不断涌现。通过"新IT"全要素发力，将积极推动5G场景在智慧城市等垂直行业的应用，夯实数字产业化和产业数字化基础。

"新IT"还能够支撑智能制造，推动制造业高质量发展。凭借数字化、智能化转型升级，我国体量庞大的制造业正向高质量的高端制造和智能制造转变。以5G智能制造生产线为例，摄像头和各类传感器将机器运行和人工操作的轨迹数据实时采集上传，再通过5G网络和边缘计算、云计算平台的协同，利用人工智能算法进行大数据分析，实现对机器的预测性维护和对产品的智能质量检测。这种高效灵活的智能制造方式，可以使产品交付效率提高20%以上。通过"新IT"的赋能，智能化升级后的制造产业将释放出更大规模、更高质量的效率红利。

"十四五"规划纲要提出，"发展数字经济，推进数字产业化和产业数字化，推动数字经济和实体经济深度融合"。通过"新IT"发挥科技力量赋能作用，将有望使各行各业以更高质量的创新要素供给来促进消费、创造新的需求，提升我国经济社会发展的数字化、智能化水平。

《人民日报》2021 年 4 月 26 日 第 19 版

深度开发，激活人工智能潜能

人工智能是接地气的科技力量，
面向需求、面向数字经济、面向高质量发展，
才能更好激发正能量

9月17日至19日，人工智能进入"上海时间"。为期3天的2018世界人工智能大会，吸引全球顶尖科学家、著名企业家和创新创业领军人物齐聚一堂，展示了人工智能在无人驾驶、医疗、金融、教育等多个领域的前沿技术和广阔前景。空前的盛况、广泛的关注，映照着人工智能对经济社会发展的重要意义。

习近平主席致信祝贺2018世界人工智能大会开幕时指出，新一代人工智能正在全球范围内蓬勃兴起，为经济社会发展注入了新动能，正在深刻改变人们的生产生活方式。人工智能的热，正体现于"赋能"：为人们更好地满足生活、工作需求提供强大的"能力"与工具。因此，它必须和实际应用相结合才能真正发挥效用。人工智能是共性、颠覆性技术，能引发链式突破、加速度跃升，其对社会发展的影响可能会像"电和火"一样深远。

经过60多年演进的人工智能已经进入新阶段，特别是在移动互联网、云计算、大数据、脑科学等新理论新技术和经济社会发展强烈需求的共同驱动下，短时间就呈现出引领产业变革的效力。现在，智能手机已成为须臾不可离身的生活伴侣，语音助手、刷脸支付、解答在线购物问题的"机器人"等早已融入日常生活；在教育、医疗、交通、旅游、家居领域，人们初尝"人工智能+"带来的便利；

在工业和产业界，无人驾驶逐步进入实际应用，智能化推动制造业产业模式和企业形态创新……人工智能仿佛春潮一般涌入各行各业，不断促进数字经济和实体经济融合发展，成为经济发展的新引擎，推动着高质量发展、创造着高品质生活。

我国已连续6年成为工业机器人第一消费大国，人工智能市场规模年均增长率超过40%，语音识别、视觉识别技术世界领先，阿里巴巴、科大讯飞、依图等一批企业成为全球人工智能领域的有力竞争者……近年来，中国人工智能发展，逐步走出了一条需求导向引领商业模式创新，市场应用倒逼基础理论和关键技术创新的独特发展路径。但也应看到，我国企业目前仍主要凭借丰富的数据、巨大的应用需求和开放的市场环境累积优势，而发达国家科技行业则依旧掌控着全球人工智能的发展趋势和技术优势，并在基础理论、核心算法以及关键设备、高端芯片方面大幅领先。这样的情况下，尤其需要我们瞄准核心关键技术和基础前沿理论，迎头追赶、久久为功。

人工智能是接地气的科技力量，面向需求、面向数字经济、面向高质量发展，才能更好激发正能量。我国人工智能企业和产业界应当继续利用好自身的优势，不断开发人工智能在各种场景、各个行业中的深层次应用，真正解决人们关心的问题。同时，国家层面也有必要围绕核心技术、顶尖人才、标准规范、政策伦理等进行前瞻布局，确保人工智能安全、可靠、可控发展，并着力推动科研机构和领先企业下好"先手棋"，突破人工智能基础前沿理论和关键技术。坚持以需求引领发展，强化基础研究和基础设施，激发微观主体创新活力，大力加强人才培养，就能推动人工智能实现突破、行稳致远，不断为经济社会发展"赋能"。

《人民日报》2018年9月19日第5版

人工智能，新起点上再发力

与科技发达国家站在同一起跑线上，只能说明我们具备站位优势，

更重要的还是好好蓄力、精准发力，

力争引领这一轮人工智能的创新浪潮

去年出尽风头让人惊叹的谷歌围棋人工智能"阿尔法狗（AlphaGo）"，5月将来到中国，在浙江乌镇与世界排名第一的中国棋手柯洁上演人机大战。黑白子此起彼落之间，柯洁探寻的是已有几千年历史的围棋"真理"，而对"阿尔法狗"和它的发明者来说，比赢得比赛更重要的，是寻找人工智能的科学真理。

人工智能称得上是当前科技界和互联网行业最为热门的话题。无论将其称作"下一个风口""最强有力的创新加速器""驱动未来的动力"，还是关于它会不会比人更聪明甚至取代人的各种争论，都在说明，人工智能又一次迎来了黄金发展期。与以往几十年不同的是，这次人工智能的高潮，伴随着生活和工作的应用而来，它是科技进步的水到渠成，也嵌入了十分广泛的生活场景。因此也有科学家认为，"我们或许是和人工智能真正共同生活的第一代人"。

对大众来说，人工智能充满着科幻色彩；对科学家来说，人工智能可能是最受内心驱动、最具理想色彩的一门科学。从1956年的美国达特茅斯会议算起，明确提出人工智能的概念并开始科学上的研究，到现在已有61年的历史，并经历过至少两个"冬天"。一直到20世纪90年代，人工智能仍然走不出实验室。人工智能遭遇的技术瓶颈，一方面有着时代的限制，另一方面也是由于人们对它

的期待太高，一直梦想着创造出类似科幻电影《人工智能》中那个小机器人的形象——会找寻自我、探索人性，想成为一个真正意义上的人。这也是一些人对人工智能既向往又恐惧的原因之一。

在脑科学尚未取得重大进展时，受益于互联网和计算机新一代技术创新，人工智能从更加实用的层面进入了发展快车道。互联网大数据、强大的运算能力，以及深度学习模式的突破，被认为是人工智能赖以突破的三大要素，它们造就了语音、人脸识别准确率的惊人提升，人机对话像人与人之间的对话一样更加自然，乃至可以像"阿尔法狗"一样去找寻规律、自我决策。

尽管中国不是人工智能的策源地，但在当前人工智能的这一轮技术爆发中，正在建设科技强国的中国，被很多人认为第一次同科技发达国家站在了同一起跑线上。中国拥有全球最大的互联网市场，小到手机语音助手，大到智能机器人、无人驾驶等人工智能产品和技术的广泛应用，它们连同中国顶尖科技公司所拥有的人才一起，充分证明中国在人工智能的资本、市场、技术、人才等方面都不落人后。同时也要冷静看到，国内互联网公司搭建的人工智能平台，与亚马逊、谷歌等相比差距仍然不小。比如，在围棋人工智能领域，腾讯的"绝艺"还不敢说能和"阿尔法狗"相媲美。站在同一起跑线上，只能说明具备站位优势，更重要的还是好好蓄力、精准发力，力争引领这一轮人工智能的创新浪潮。

故事才刚刚开始，从基础研究、技术发展，到未雨绸缪建立人工智能相关的伦理规范，人工智能的未来面临着无数挑战和变化。"预测未来最好的方式就是创造未来"，人工智能的前景无限美好，值得我们为之全力奔跑。

《人民日报》2017 年 4 月 17 日第 5 版

人工智能应去"虚火"

要更加注重人工智能的健康发展，

尤其要避免一窝蜂"逐热而上"

或是以资本砸出"风口"的短期行为

新一代人工智能的迅速发展，正深刻改变着我们的生活。经历过人工智能兴衰的科学家感慨，50多年前，当人工智能破土萌芽之时，计算机科学家根本不曾想到，它会发展成现在大家都习以为常的样子。

经过几十年的演进，尤其是在移动互联网、大数据、超级计算、脑科学等新理论新技术和市场需求的共同驱动下，进入发展新阶段的人工智能，如今正在引发链式突破，推动经济社会各领域从数字化、网络化向智能化加速跃升。技术的突破把三五年前还仅仅存在于科学幻想里的东西，变成了诸如语音助手、多语言翻译器、植物识别APP等触手可及的工具，"智能时代"已初现端倪。不夸张地说，全世界大部分的顶尖高科技公司都在致力于加速将最新的人工智能研究成果转化为产品与服务，以搭上"智能时代"的早班车。

值得关注的是，我国人工智能研究有声有色，被认为能和发达国家一较短长。经过多年的积累，我国在人工智能领域取得不少重要进展，国际科技论文发表量和发明专利授权量已居世界第二，部分领域核心关键技术实现重要突破。语音识别、视觉识别技术世界领先，工业机器人、服务机器人、无人驾驶逐步进入实际应用。正是看到人工智能的重要性，为了抢抓人工智能发展的重大战略机遇，构筑我国人工智能发展的先发优势，以最近发布的《新一代人工智能发展规划》为标志，人工智能已经上升为国家层面的战略。

与此同时，也要清醒地看到，我国人工智能整体发展水平与发达国家相比仍存在差距：从基础理论、核心算法，到关键设备、高端芯片等，仍缺少重大原创成果；一流的本土企业和技术虽然有，但还没有形成群体效应，没有建立起具有国际影响力的生态圈；人工智能尖端人才远远不能满足需求，目前顶尖的人工智能科学家主要都是"引智"而来。

如同科学家所判断，尽管人工智能取得了一些进展，技术正变得越来越"聪明"，但人们也很清楚，现在尚处在人工智能工具与技术发展的初级阶段。在当前的人工智能热潮面前，要更加注重人工智能的健康发展，去除各种"虚火"，尤其要避免早前互联网、云计算等发展过程中一窝蜂"逐热而上"或是以资本砸出"风口"的短期逐利行为。

确保人工智能的健康发展，首先要避免"混战"。人工智能是一种综合能力，背后是计算机视觉、深度学习、语音和自然语言处理等基础技术的支撑，有必要建立和完善适应人工智能发展的基础设施、政策法规、标准体系，避免重复建设和技术标准不统一所带来的投入浪费。其次，要预判风险。人工智能是影响面广的颠覆性技术，可能引发出改变就业结构、冲击法律与社会伦理、侵犯个人隐私等问题，有必要进行前瞻预防，确保人工智能安全、可靠、可控发展。

可以说，人工智能当前的发展，只是刚刚揭开了"智能时代"的大幕一角。对于这一引领未来的战略性技术和基础能力，有必要把眼光放长远，从而使这笔"令人振奋的长远投资和创新投入"获得更丰厚的回报。

人工智能时代的孤独

"为什么我们花费了很多时间与技术在一起，却吝啬把时间分给现实生活中的人？为什么我们对科技期待更多，对朋友却不能更亲密？"有人这样慨叹。

科技是不是让人类更孤独了？回答"是"的人可以列举出一大堆例子来。社交网络依赖症、微信依赖症……智能手机、社交网络工具已经在一定程度上让人们"面对面不相识"，车站、机场到处都是"低头族"；朋友聚会吃饭，没有人交谈，挨着坐的人对同一道菜的点评都在微信朋友圈上交互。从传统的人际交往来说，人们的确因为现实中的疏离而显得孤独了。

但否定科技让人类变孤独的人，观点也很鲜明：更多意义上，是"孤独"导致人们玩手机，而不是玩手机导致"孤独"。一项经常被提及的研究是关于社交网站脸谱网（Facebook）的，"社交网络不会让人们感到更孤单。相反，频繁地更新脸谱网的状态会减少孤独，因为更新状态勤快的人会感到自己和朋友们联结在一起"。当然，还有一种"中间派"观点，认为"人文咳嗽"，不能让"技术吃药"。关于科技让人类陷入更孤独状态的担心不必要，因为科技只是工具，会带来什么结果完全取决于人怎么用它。

科技的确改变了人与人交流的方式，更快、更广、更容易袒露内心的喜怒哀乐。但所谓的孤独只是表象，与其说是人们因为使用网络和社交工具而忽视了身边的朋友，不如说是人天生具有彼此交流、扩大社交的欲望，从而追求自己理想的社交关系。因此，当技术让一个普通人能和以往遥不可及的公众人物互动，或者能在全人类范围内寻找一个与自己志趣相投的人时，并没有让人变得孤独，而是让人觉得有无限的可能发生，希望自己这个微小的社会细胞与人类群体同呼吸。

可以看到，在本质上，无论是微信、微博、图片分享，或是具备社交功能的手机应用，目前的社交网络工具仍然停留在探索和拓展人与人之间的关系上。不过，随着人工智能走进普通人生活和进一步深入应用，也许，科技让人类更孤独，将不再是一个伪命题。

微软刚刚发布的手机上的个人智能助理，有可能成为人工智能让人变得更孤独的案例。作为安装在微软 Windows Phone 8.1 系统上的应用，这个叫作"小娜"（Cortana）的智能手机"机器人"，被设计成为人最亲密的智能助理。"她"可以和人用自然的语言对话，甚至有自己的"个性"。"她"可以确认"主人"乘坐的航班是否准点，会迅速根据当前的交通状况建议去往机场的出发时间。"她"可以帮人打开邮箱——这是一个不需担心隐私的私人助理。手机上的应用也不需要人去点开，不管是看视频还是浏览新闻或者刷微博，都可以由这个智能助理去完成操作。更能体现人工智能的是，"她"可以不断记录和保存人的喜好，并因此作出更好的调整。

和目前在微博上风靡的智能聊天机器人微软"小冰"一样，新的这款智能助理也得益于移动互联网时代人工智能的发展。借助大数据的支持，这个产品通过机器学习，在奔涌着人的思想和生活痕迹的海量数据中遨游，吸收人类的"智慧"，并将这种智慧具体化为产品功能来服务人。毫无疑问，在人工智能服务人类的征程上，智能助理只是一个小小的开端。

问题在于，随着借力网络的人工智能发展，类似手机智能助理的人类智能伴侣出现，形成的人与这种新技术工具之间的关系，迥然不同于人使用社交网络工具是为了扩展人际关系这一初衷。或者说，当人们发现自己理想化的社交关系能够集中到一个"人"的身上时，即使只是一个虚拟形象，他们也会驻足。这或许才是科技让人类变得更孤独了，而且，就从你现在须臾不离的智能手机开始。

《人民日报》2014 年 8 月 11 日第 20 版

人工智能潮不可错过

智能化将成为机器和互联网的必然趋势，

人们的线上、线下生活

也将因为这些更智能、更便捷的服务而受益

最近，腾讯微信"封杀"微软小冰成为互联网热门话题。作为微软亚洲互联网工程院推出的人工智能聊天机器人，微软小冰与上百万微信用户互动聊天没几天，就被腾讯微信系统以技术手段阻断，惹起争议一片。

撇开双方的争执不谈，微软小冰在微信群里的对答自如，完全颠覆了此前"聊天机器人"的呆板形象，让人强烈感受到其背后人工智能技术的巨大魅力。

除了微软小冰，已经进入实用阶段的语音识别技术、搜索引擎智能化，以及人与机器自然交互等，都是当前人工智能在互联网领域的深入应用。人工智能引发的创新热点，被认为是未来互联网发展的技术趋势。

人们对人工智能这个词并不陌生。作为一门早已有之的科学，它试图了解智能本质，通过模拟、延伸和扩展人类智能，产生具有类人智能的机器系统。经过半个多世纪的努力，人工智能取得了一连串里程碑式的突破。20世纪80年代战胜国际象棋世界冠军的"深蓝"电脑，2011年在美国电视答题节目中战胜两位人类冠军的超级计算机沃森（Watson）等，都让人对人工智能印象深刻。不过，人工智能从未像现在这样，引起如此巨大的关注，让如此广泛的人群享受其便利。这在很大程度上要归功于互联网。

目前，用户在互联网上生产的各类数据堪称爆炸式增长。这样，人工智能研发一方面能够在互联网的帮助下另辟蹊径，让计算机在互联网的数据海洋中模拟、学习人类的思维习惯和方式，从而不断优化机器自身的"智慧"；另一方面，机器也将这种"智慧"迅速应用到为人类提供服务中去。尤其是在互联网领域，人工智能融入人们网络生活的程度正不断加深加快。

比如，搜索引擎能看到万亿量级的网址，每天有几亿、几十亿的用户查询，所产生的海量数据，包含着关于人类的思想痕迹、喜好和需求，成为计算机"像人类一样思考"的丰富学习素材，谷歌、百度和微软在其搜索服务中，均采用这种"机器学习"的人工智能成果，使用户的搜索结果"少些机器的痕迹而更像人类大脑"。微软小冰的"拟人化"聊天，其背后也是利用在大数据、自然语义分析、机器学习等方面的技术积累，"学习"了中国亿万网民多年来积累的聊天记录。此外，借助云计算和大数据的帮助，在语音识别领域，以前学术界做语音识别通常是几十小时，而互联网公司有大量的服务器集群并行计算，现在可以处理成千上万小时的训练语料。

在可预见的未来，随着互联网规模进一步扩大，以及人工智能理论与技术进一步突破，智能化将成为机器和互联网的必然趋势；语音识别、图像识别、自然语言处理的能力将因为智能化而获得巨大提升，人们的线上、线下生活也将因为这些更智能、更便捷的服务而受益。

当然，由互联网助力的机器智能化只是人工智能研究的一个新分支，真正实现可与人类媲美的机器智能还有很长的路要走。在人工智能领域，脑科学研究以及生物智能、机器智能混合连接的人脑与机器接口等研究也在深入开展。未来多种技术的融合，或许会让人工智能迎来新的黄金时代。

胜出的是我们自己

人机大战其实并非是人工智能赢了人类，

而是人类赢了自己

　　五盘棋输了四盘，围棋世界冠军李世石输给了机器。谷歌人工智能围棋程序"AlphaGO"以碾压式的胜利显示了人工智能目前的水平，让棋手们和它的创造者震惊。在媒体各种脑洞大开的解读下，大家开始担心：未来机器真的会在智能上媲美甚至胜过人类吗？

　　被戏称为"阿尔法狗"的AlphaGO，确实展现出与以往人工智能不一样的水平。和当年战胜国际象棋冠军的IBM超级电脑沃森（Watson）相比，它的计算能力以及展现出的"大局观""棋感"，都让围棋九段高手们从"不以为然"到"叹服不已"。

　　围棋向来被认为是一门思考的艺术，棋手所展现出的直觉和灵感常被誉为人类智慧的魅力，"阿尔法狗"能够在这样的较量中胜出，足以说明至少它在围棋"智能"上已经不输人类，也透露出，即使在人类以为只属于自己的一些智能领域，也可以用人工智能替代，这进一步让人们陷入人工智能是否会自我进化的科幻沉思。

　　不过，没有必要过度夸张"阿尔法狗"的智能水平。至少从目前来看，它在对弈中使用的策略网络、估值网络和蒙特卡洛树搜索算法与人类的思考方式还不能相提并论。它证明了强大的计算能力和算法，但更重要的是，"阿尔法狗"并不知围棋为何物，既不能领会围棋的美感，也不能体味棋枰落子间所蕴含的文化和哲学意味。这在目前来说，围棋依然是人类的"专利"。

目前的人工智能科技的整体水平也是如此。尽管语音识别准确率已经接近百分百，但在口音和自然对话语境的理解上还不是很理想。计算机识别技术的人脸识别准确率相当之高，但与人类凭印象和感觉就能在昏黄灯光下轻松认出熟人相比，人工智能要走的路还很长。至于人工智能给人类造成危机感，一位人工智能科学家曾说："现在担心人工智能带来的负面影响，就像担心火星上人口过剩一样，是一个非常遥远的问题。"

把这一次的人机大战视为本世纪最重大的科技事件之一并不为过。很大程度上，这称得上是人工智能的启蒙。对人工智能来说，人机大战也仅仅是个开始。在科技发展的驱动下，人工智能将继续进步，一方面会将科技成果应用到医疗、机器人、无人驾驶汽车等各种为人类服务的领域，另一方面，人工智能将走向何方，是否真的会出现类人的智能，还是个未知数。

相信人类有足够的智慧解决未知的问题，使用好人工智能这个强大的工具。人机大战其实并非是人工智能赢了人类，而是人类赢了自己——一群不太懂围棋的开发者，使用工具赢了围棋世界冠军。人类的胸怀可能也是人工智能机器无法拥有的——在李世石输给"阿尔法狗"后，韩国棋院授予"阿尔法狗"名誉九段称号。

无论如何，生逢这个时代，有机会见证科技的惊艳突破，是一件非常幸运的事。

《人民日报》 2016 年 3 月 17 日 第 12 版

当互联网照亮"命运共同体"

互联网是成为阿里巴巴的宝库，还是潘多拉的魔盒，

取决于"命运共同体"如何认真应对、谋求共治

这几天，在江南水乡浙江乌镇举办的首届世界互联网大会，吸引了近100个国家和地区的1000多名嘉宾、近500名中外记者。这是迄今中国举办的规模最大、层次最高的互联网盛会。

正如习近平主席致世界互联网大会贺词中指出的，互联网真正让世界变成了地球村，让国际社会越来越成为你中有我、我中有你的命运共同体。毫无疑问，这次全球网络盛会是一个新起点，着眼的是长远路径：如何让地球村真正"互联互通·共享共治"？怎样使20世纪最重大的科技发明惠及更多的人群？

从在实验室诞生到进入人们生活，互联网的历史尽管只有几十年，但共识已经形成：互联网将深刻地影响人类社会文明进程。当今时代，以信息技术为核心的新一轮科技革命正在孕育兴起，互联网日益成为创新驱动发展的先导力量，深刻改变着人们的生产生活，有力推动着社会发展。目前，全世界网民数量达到了30亿人，普及率达到了40%，在全球范围内实现了网络互联、信息互通。

即使是世界上最偏僻的一角，只要接入互联网，就接入了人类这个大家庭。让人印象深刻的是，5年前，在中国南极中山站落成的卫星天线，让远离祖国几万里的科考队员从此可以时刻和亲人"相聚"，也让关心他们的人可以随时"@"这些南极勇士们。

同住地球村的"居民"，借助互联网的力量极大地拉近了距离。

网络经济已经成为世界经济发展速度最快、潜力最大、合作最活跃的领域之一，形成了世界网络大市场；一个短小的视频通过全世界网民的点击，可以一夜之间成为全球流行文化的宠儿；提供高速的移动通信和无线宽带服务，几乎已是各国旅游"设施"的标配。

当然，互联网的价值还远没有挖掘出来。尽管网络已覆盖全球各大洲的许多角落，但"网络如何到达农村地区、不发达的国家"，仍然是"互联互通·共享共治"要破解的重要课题。由于网络安全问题、网络诈骗和犯罪、新技术可能带来的新风险，乃至互联网发展对国家主权、安全、发展利益提出的新挑战，互联网到底是阿里巴巴的宝库，还是潘多拉的魔盒，这取决于"命运共同体"如何认真应对、谋求共治。从这样的视野来看，已走过20年岁月的中国互联网，站在了大有可为的新起点上。

20年前，中国全功能接入互联网，开启了与世界互联互通的新时代。20年中，从"K"时代到"G"时代，从互联网到移动互联网，从"英语世界"到海量中文，从互联网创业蓬勃发展到互联网拥抱传统行业，中国互联网一直在致力于讲好"中国故事"。这种努力，也使中国成为全球网民数量最多的国家，6.4亿网民，近13亿手机用户，构成了让人艳羡的巨大市场。如今，中国互联网上市企业市值突破3.95万亿人民币，全球互联网十大巨头中，有四家来自中国。中国互联网的发展壮大，也给世界带来了巨大机遇。

"我们已经看见了未来的样子"，在乌镇的热烈讨论中，不少与会者激情洋溢地描绘明天的世界，对于互联网改变世界、造福人类，满怀希冀。沿着"互联互通·共享共治"的前行之路走下去，我们必将创造更加美好的未来。

《人民日报》 2014 年 11 月 21 日 第 5 版

网络并不完美

除了资本、市场的话语权，

还需要有核心技术话语权上的奇迹，

才能在推动互联网历史进步的过程中

创造出互联网的最大价值

首届世界互联网大会这几天在浙江乌镇举办，全球范围内来自政府、国际组织、企业、媒体、科技社群和民间社群的互联网领军人物，围绕着"互联互通·共享共治"的主题进行深入交流。这场大会，既为全球互联网业界关注，对包括互联网网民在内的普通公众而言，也是全面认识网络世界的一个契机。

今年是中国全功能接入互联网20周年，从互联网进入人们工作和生活的普及程度看，全球互联网也就走过了二三十年。互联网从最初的工具、渠道、平台的属性，变成了一个复杂的网络空间。有这样一种被人认同的态势："当前，互联网正以势不可挡的力量，掀起一场深刻影响人类社会的伟大变革。"

作为后来者的中国互联网，其地位和角色的重要性在世界范围内越来越凸显，按市值估算，阿里巴巴已成为全球第二的互联网公司。全球互联网十大巨头里，中国占了四席。在移动互联网领域，中国庞大的网民规模和市场优势，把全世界的目光都吸引了过来。加上各种创业成功案例不断涌现，创新激情涌动，人们能清晰地感受到，中国互联网和世界互联网一起，正迈入一个美好时代。

然而，互联网即使不是多面，也绝对不是只有完美的一面。如同"白帽子"的网络安全专家和"黑帽子"的网络黑客总是成对存在、互相对抗。互联网的发展仍然伴随着"黑色"的另一面：脆弱的网络安全，计算机和网络病毒的地下制作及交易链条，利用网络的诈骗活动，盗取和利用人们的隐私伤害名誉或牟利。随着信息技术的发展，互联网的"黑暗"阴影仍有扩大的可能。此外，世界上仍有许多人还被困于信息的不毛之地，对美好生活的追求被巨大的信息鸿沟阻碍。

　　即便是2分钟之内网络零售成交额能超10亿元，社交通信软件能够覆盖几亿用户，中国互联网也还没有到沾沾自喜的时候。网络安全的普遍性难题仍然待解，在网络游戏和社交通信工具营造的虚拟世界里，利用木马病毒和各种诈骗手段牟取非法利益的现象时有发生，各种虚假、误导信息依然层出不穷，凝结智慧和心血的知识产权仍然很难在网络世界中得到保护。在互联网的发展基石上，截至2014年6月，我国网民规模达6.32亿，但互联网普及率仅为46.9%。其中，我国农村非网民人口仍有4.5亿，是未来互联网普及工作的重要对象。从量到质的变化，显然还有很长一段路。

　　我们要清醒看到，光是有一天几百亿元的网络销售奇迹远远不够，其中掺杂着不少假冒伪劣商品和用户的失望乃至投诉；许多的"类硅谷"创新仍是拿来主义，最好的专家仍然需要去美国硅谷寻找；以互联网思维做肉夹馍的创业公司"西少爷"，从网上爆红到近期负面新闻缠身，显示出"用户"导向的互联网思维，也有着它羸弱、浮夸的另一面；用"情怀"做手机的某创业品牌，陷于叫好不叫座的尴尬，说明无论是怎样完美的思维，仍旧需要一款产品、一项技术或是一种服务和模式的坚实支撑。可见，除了资本、市场的话语权，还需要有核心技术话语权上的奇迹，才能在推动互联网历史进步的过程中创造出互联网的最大价值。

不过，网络虽不完美，但这恰恰给了人们拓展互联网价值和不断向上的空间和契机，对于投身互联网创新大潮、用信息技术改变世界的人来说，是身处美好时代。

《人民日报》2014 年 11 月 21 日 第 20 版

5G 撬动新一轮数字变革

5G 将成为实现网络世界和物理世界的重要纽带，
"万物移动互联"不再是一种理想

最近几天的西班牙巴塞罗那世界移动通信大会上，5G仍然延续着1月美国拉斯韦加斯消费电子展上势不可挡的热度。华为、中兴通讯、爱立信等全球领先的通信厂商和各国的电信运营商一起，纷纷宣布5G研究和测试的各种进展，集体为5G造势，重视和共识可见一斑。从目前进展看，距离4年后的2020年实现5G商用的目标，已经不远。

5G的意义并不仅仅局限于"面向2020的移动通信技术"。爱立信的新观点是，数字变革今年就会波及各个行业。信息通信技术的三大基本力量——宽带、移动性和云正在迅速重塑价值链、实现商用模式的数字化，并创造过去无法想象的很多可能。各行业甚至整个社会都受到了移动性、宽带和云的冲击。

毫无疑问，在三大力量中，5G是推动新一轮数字变革的最重要角色，甚至将靠它催生出这场数字变革。一方面，它的作用是先导性的——5G的出现，让物联网真正成为可能，也让对"云"的访问变得没有时间和空间的差异感；另一方面，也只有5G网络，才能承载物联网产生的庞大无比的井喷式网络流量和在同一瞬间产生的海量网络请求。

可以看到，5G将成为实现网络世界和物理世界的重要纽带，它首先将使前几年兴起的物联网概念真正成为现实，"万物移动互联"

不再是一种理想。5G快速和可靠的通信连接，已经有足够能力把人和人、人和物、物和物都连成一体，可穿戴智能终端、车联网终端以及各类大大小小的智能终端，都将连接上这张物联网。人们也毫不怀疑这些愿景很快就会实现："手表、眼镜、牙刷、球鞋、自行车等个人资产，城市的停车位、垃圾箱、广告牌、路灯等基础设施，都将是庞大无比的物联网上的一颗颗小沙砾，工厂里的各种装备设施也都将被连接到移动网络上，从自动化走向信息化和智能化。"在这种连接的基础上，新的应用比如实时视频分享、随时随地云接入、虚拟现实等都将成为现实，整个社会的信息化将更加深入、彻底。

5G撬动新一轮数字变革，也不仅仅体现在"硬连接"上，还在于它对新科技的"软连接"和打通。尽管4G已经让人们进入移动互联生活，并充分使用和享受了智能手机的功能。但未来的无人驾驶汽车、智能机器人等产品要真正实用化，人工智能、虚拟现实等热门技术要真正融合应用在这些新的科技产品中，5G技术不可或缺。比如，对无人驾驶汽车来说，只有在网络延时降低至不超过1毫秒时，才能实现及时向无人驾驶汽车发送紧急指令。无人驾驶汽车在路上奔驰的时候，只有5G才能保障这一点。

5G催生新需求的同时，也将变革原来的供给。一方面，由于网络速度已经够快，人们不再考虑速度，而是把关注点放在提供更多的应用和服务体验上。另一方面，对通信企业和行业来说，生产和供给模式也需要符合5G和物联网时代的特征。比如类似美国高通公司的下一代汽车芯片，将提供连接能力、计算能力和位置感知能力，不但能让智能手机与汽车系统整合、互动，而且还可以实时检测路况和周边情况，实现自动驾驶。这种供给的创新模式也已大大超越了4G时代。

5G，打开巨大发展空间

作为全面构筑经济社会数字化转型的关键基础设施，
5G 将推动传统行业转型、数字经济创新

近日，我国正式发放5G牌照。工业和信息化部批准中国电信、中国移动、中国联通、中国广电经营"第五代数字蜂窝移动通信业务"，这意味着这四家运营商可以正式建设并运营5G网络，标志着中国通信行业进入了5G时代。中国也由此成为全球最早将5G商用服务落地的国家之一。

5G看起来只是通信技术的又一代演进，但人们对它的期待比以往任何一次技术更新换代都要强烈。1G打电话，2G发短信，3G看图片、听音乐，4G在线直播……每一代通信技术都在前一代的基础上不断演进，但5G并不是在4G基础上的简单改变，5G打破了信息传输的空间限制，能够实现的应用场景不受想象力限制。用手机下载一部1GB大小的电影只需要3秒，这种比4G快100倍的上网速度仅仅是5G"大宽带"特点的体现。

依靠更高速率、更大连接、更低时延的特性，5G不仅解决人与人的通信问题，而且能实现人与物、物与物的万物互联。在5G网络中，虚拟现实、增强现实、8K高清视频，以及无人驾驶、远程医疗、智能家居等，将真正走向成熟应用。人们相信，作为全面构筑经济社会数字化转型的关键基础设施，5G将推动传统行业转型、数字经济创新，成为未来十年乃至更长时间内的发展新引擎，更好地支撑和服务数字中国建设，促进经济社会发展。

在全球各国加速5G商用的趋势下，5G在中国的落地水到渠成。中国通信行业引领全球的技术积累促成了这种水到渠成。截至2018年12月28日，中国5G专利申请数量全球第一，处于全球公认的领先梯队。从1G落后、2G追随、3G突破、4G同步，到如今5G领先，中国通信技术行业的进步成为中国科技发展的一个缩影。就在5G领域，中国企业已埋头进行了近10年的创新布局和持续投入，它并非一蹴而就，而是源于几十年的追赶和全球化历练。正是在领先技术的支持下，加上全球最大的用户规模、巨大的4G网络、丰富的移动互联网应用等明显优势，5G牌照的发放可谓瓜熟蒂落。人们对此也有足够的信心：2019年作为中国5G商用元年，将成为5G应用的良好开端。

让5G发挥好新引擎动力，关键要做大做强产业，发挥产业支撑作用。有报告预测，到2025年，5G将带动我国直接和间接经济总产出35.4万亿元，拉动300万个新增就业。如何将美好前景变为现实？如同工信部负责人所说，企业要以市场和业务为导向，积极推进5G融合应用和创新发展，聚焦工业互联网、物联网、车联网等领域，为更多的垂直行业赋能赋智，促进各行各业数字化、网络化、智能化发展。此外，面对旺盛的5G行业应用需求及5G商业合作模式的改变，需要包括运营商、设备厂商以及终端厂商在内的产业链每一环进行深入协作和沟通，优化网络体验，构建健康、完整的产业生态。

5G标准是全球业界共同制定的国际标准，5G技术是全人类倾注心血和资源的创新之作。就像中国企业的5G技术服务全球一样，中国的5G牌照发放，既让国内亿万消费者共享5G发展成果，也是外资企业参与中国5G市场、分享中国发展成果的机会，进而共同致力于将科技造就的美好生活赋予全世界所有人。

让新基建释放更大潜能

新基建从短期看可以为稳经济、稳增长助力，

从长远看将激发更多新需求、创造更多新业态，推动中国经济转型升级

近日，国内数家移动通信运营商联合发布《5G消息白皮书》，提出了5G消息业务的新设想，将对传统短信服务进行升级——短信不再有长度限制，并能有效融合文字、图片、音频、视频、位置等信息。一旦5G消息业务成为5G终端必选功能，用户新购5G手机后就可以便捷使用这项服务。

作为新型基础设施建设的重要内容，5G建设可看作数字新基建的领头羊。移动运营商发展5G消息业务的决心，表明5G商用步伐正在加快，推动中国成为全球最早实现5G商用服务落地的国家之一。当前，5G基站的加速铺展，5G应用在智能手机上的加快普及，都说明以5G为代表的新基建开始发挥效能。可以说，对于5G商用，社会充满期待。

前不久召开的中央政治局常委会会议强调，"加快5G网络、数据中心等新型基础设施建设进度"。这意味着新基建将更深入、更广泛地融入实践，同时也要求行业应用快步跟上新基建提速的节奏。我国的5G网络早已从概念、规划进入实际建设阶段，在新基建提速的大背景下，5G发展更是一马当先。目前，市场上5G手机虽已有较大选择余地，性价比也逐步提升，但与4G相比，5G的工业级应用和消费级服务仍然不够丰富。5G消息业务既形成了一个良好的开端，也激发了更高的社会期待：随着5G网络的不断铺设和能力平台

的建设，将涌现出越来越多具有良好体验和市场价值的商业应用。

在新基建脚步加快的同时，也要着重关注产业生态建设。以5G为例，一张5G网络，连接了从通信设备厂商、通信运营商、互联网服务提供商，到各行各业实体的上下游产业链，能支撑起一个庞大的新一代信息产业，还能够渗透到其他各个领域，形成强大的溢出效应和牵引效应。只有产业链各方齐心协力，寻找到技术和商业的最佳契合点，才能建立起良好的5G产业生态圈，真正让5G助力数字化、网络化、智能化转型，满足消费者需求和经济转型升级需要，从而创造更大的综合效益和社会价值。

放在统筹新冠肺炎疫情防控和经济社会发展的大背景下，新基建的巨大潜力更显珍贵。在疫情防控期间，云计算、人工智能、大数据等数字技术在医疗服务、科研攻关、在线教育等各个领域发挥了积极作用，在这个过程中培养出来的消费习惯将会延续下去，形成对新基建的强烈需求。可以说，加强以5G为代表的新基建，从短期来看，可以对冲疫情影响，在疫情防控常态化条件下为稳经济、稳增长助力，满足数字经济的需求；从长远来看，历史上每一次大的基础设施建设，都会助力产业发展，新基建也将激发更多新需求、创造更多新业态，推动中国经济转型升级，助力经济高质量发展。

产业数字化、数字产业化赋予的发展新机遇不容错过。通过加快5G网络、数据中心等新型基础设施建设，发挥其赋能作用，激发更多新技术、新应用、新业态，我们就可以牢牢把握机遇，增强有效化解挑战的能力，创造出更大的发展空间和美好未来。

《人民日报》2020年4月17日第5版

"芯片荒"呼唤提高芯片自主供给能力

打造强大的芯片自主供给能力并不能一蹴而就，

要立足科技自立自强，

既要从基础问题下功夫，也要不断强化产业链

近期，全球闹起了"芯片荒"，汽车芯片的短缺让多家知名汽车厂商不得不以停工或减产的方式应对，包括智能手机在内的不少智能设备行业也同样受到芯片产能不足的影响。"芯片荒"再次让人们认识到芯片的关键作用，并对增强芯片自主供给能力有了更强的紧迫感。

随着智能化时代的开启，小小的芯片日益变得无所不在，其"工业粮食""数字时代的石油"的角色愈发突出。尤其是在加快5G和工业互联网等新兴基础设施建设，推动现有基础设施数字化改造的背景下，芯片进一步成为发展5G、人工智能、物联网、自动驾驶、工业互联网等必不可少的基石。

众所周知，在我国芯片是较为典型的"卡脖子"领域，尤其对集成电路产业来说，芯片的关键核心技术不足是一直以来的"芯病"，目前这种情况仍在延续，所需芯片大量依赖进口。从产业链条上看，除芯片设计能力外，在生产设备、芯片原材料和设计软件等方面也存在较大差距，特别是在高性能芯片领域，国内企业的全球竞争力仍较弱。

不过，挑战也是机遇。从发展趋势看，"十三五"中国集成电路产业发展成绩总体上是非常骄人的，产业规模不断增长。据中国半

导体行业测算，2020年我国集成电路销售收入达到8848亿元，平均增长率达到20%。技术创新上也不断取得突破，制造工艺、封装技术、关键设备材料等都有明显大幅提升，在设计、制造、封测等产业链上也涌现出一批新的龙头企业。此外，芯片产业发展靠需求应用驱动，数字经济的快速发展为芯片产业发展提供了非常广阔的市场，这也引得国内众多企业逐步聚力自主研发芯片，试图从根本上破解"缺芯"困境。

芯片产业的高质量发展关乎未来。打造强大的芯片自主供给能力并不能一蹴而就，要立足科技自立自强，既要从基础问题下功夫，也要不断强化产业链。从材料、工艺、设备，到软件等开发工具，芯片涉及较多基础性学科问题，只有把基础打扎实了，芯片产业才能不断创新发展。如同科技部负责人此前所强调的，要聚焦集成电路、软件、高端芯片、新一代半导体技术等领域的一些关键核心技术和前沿基础研究，利用国家重点研发计划等给予支持，同时不断强化集成电路领域的创新环境、创新平台建设，加大人才培养，不断提升创新能力。与此同时，要增强上下游企业的研发能力和制造工艺水平，通过强链、补链，打好产业基础高级化和产业链现代化攻坚战，持续增强产业链的韧性和弹性，确保不"掉链子"。

需要指出的是，集成电路、半导体产业有着全球化程度最高的产业链，芯片的制造工艺日趋复杂，也高度依赖全球供应链。让芯片产业更加健康可持续发展，需要在全球范围内加强合作，共同打造芯片产业链。为此，在强化自主研发能力的同时，也要积极推动企业、高校、研究机构等各个创新主体开展国际科技合作，提升集成电路领域的科技创新能力。

人民网，2021年4月2日

数字经济，高质量发展新引擎

数字经济向基层、向农村延伸，

正是在打开"下沉市场"的广阔空间，

展现着中国经济的巨大潜力

眼前的镜子成为常伴身边的"保健医生"，智能机器人按照主人指令灵活地掌管着客厅，"智能家居"可以自动开启家用电器，"聪明"的汽车行驶在"智能"的路上……在日前召开的2019中国国际数字经济博览会上，一大波正在照进现实的"黑科技"，为与会者带来智能生活的新体验，也展现着数字经济的未来愿景。

习近平主席在给博览会的贺信中指出，"当今世界，科技革命和产业变革日新月异，数字经济蓬勃发展，深刻改变着人类生产生活方式，对各国经济社会发展、全球治理体系、人类文明进程影响深远"。这其中的一个重要方面，就是信息技术和人类生产生活交汇融合，推动数字经济不断发展突破。

当前，网络购物、在线外卖、手机支付等数字化消费场景，早已像柴米油盐一样，进入老百姓的日常生活；信息化、智能化改造等数字化融合场景，持续产生着"化学反应"，助力传统行业转型升级。我国的数字经济规模在去年底达到31万亿元，占国内生产总值比重约1/3，数字经济已成为经济增长的重要引擎，推动着产业发展不断升级，就业格局更加优化，消费需求持续增长。

数字经济是大势所趋，蓬勃发展的数字经济深刻改变着人类生产生活方式。当前，新一代网络信息技术不断创新突破，数字化、网络化、智能化深入发展，世界经济加快了向数字化转型的脚步。例如，伴随着全球互联网流量从1992年的每天约100GB飙升到2017年的每秒45000GB以上，微软、苹果、亚马逊、腾讯和阿里巴巴等超级数字平台在世界经济中扮演着越来越重要的角色。中国作为世界网络大国和数字经济大国，更加重视发展数字经济，在创新、协调、绿色、开放、共享的新发展理念指引下，正积极推进数字产业化、产业数字化，引导数字经济和实体经济深度融合，推动经济高质量发展。面向未来，一方面要在数字产业化、产业数字化的进程中，创造和拥抱新模式、新业态，将数字经济真正打造成为经济高质量发展新引擎；另一方面，尤其要注重数字经济持续健康发展，让这个新引擎能够持续输出强劲动力，发挥好驱动作用。

数字经济持续健康发展，需要坚持均衡普惠的原则。联合国的一份调查报告指出，尽管跨国性数字经济巨头企业发展迅速，但全球目前仍处于数字经济发展初期，互联网连接不足的国家与高度数字化的国家之间差距趋于扩大。在我国，截至2019年6月，非网民规模仍有5.41亿，其中农村地区非网民占比62.8%。这意味着，进入数字经济时代，仍需加强新一代信息基础设施建设，进一步提升互联网普及率，在拓展"互联网+"应用中不断缩小"数字鸿沟"，让人们共享数字技术的红利。换个角度看，数字经济向基层、向农村延伸，正是在打开"下沉市场"的广阔空间，展现着中国经济的巨大潜力。

数字经济持续健康发展，需要贯彻深度融合的理念。数字经济既要壮大电子商务、云计算、网络安全等数字产业，也要通过推动互联网、大数据、人工智能同实体经济深度融合，创造出产业互联网、智能制造、远程医疗等数字化产业新业态，促进传统产业转型升级，站上数字化高地。例如，经过数字化和智能化改造，一家企业的生产线生产效率提高10%以上，能源利用率提高20%以上，企业的竞争力大为提升。只有数字经济与传统产业互为依托、齐头并进，才能真正驱动产业跃向高层次、经济迈向高质量。

5G通信将打破信息传输的带宽限制，数字技术的驱动引领效应将更加明显，数字经济将不断开辟新赛道。积极抓住全球数字经济快速发展的机遇，发挥制造大国和网络大国的优势，不断提高数字技术研发能力和产业创新能力，数字经济对高质量发展的引擎作用就会更加强劲。

《人民日报》2019年10月21日第5版

新技术，占据创新制高点

在新技术尤其是人工智能、空间技术等
颠覆性、战略性技术上占据制高点，需要下好"先手棋"

北京地铁的南北向骨干线路16号线成为国内首条覆盖5G信号的地铁线路；重庆招募首批5G"体验官"，感受几秒钟下载一部1GB高清电影等数字新体验……5月的世界电信日前后，5G成为最抢眼的技术新星，反映出人们对这种关系未来的新技术的热情期待。

新技术由发展需求孕育，也是经济持续增长的新引擎。融合机器人、数字化、新材料的先进技术加速推进制造业升级转型，以人工智能、物联网、区块链为代表的新一代信息技术加速突破应用，安全清洁高效的现代能源技术推动能源生产和消费革命……新技术一旦走出实验室，进入广阔的市场天地，就能释放出巨大的能量，推动新业态新模式的打开和蓬勃发展。

新技术能够提高生产效率，催生新动能。工业互联网集成了远程实时操控、虚拟现实技术协同、无人驾驶、高精度定位等前沿技术，不仅能进一步提升生产效率，还能代替人工适应更复杂恶劣的环境。而以物联网技术为神经中枢，一个建筑群可以变得"有生命"——钢结构、门板、水管、螺丝型号，电能消耗量、用水量、空气质量等数据都可以"互联互动"；一个城市也能装上"智慧大脑"，对城市交通进行智能调度，有效调配公共资源。从深海深地探测、超级计算、人工智能等面向国家重大需求的高技术领域持续取得重大突破，到"互联网＋"广泛融入各行各业，大众创业、万众创新蓬勃发展，2018年我国科技进步贡献率提高到58.5%，体现着新技术对中国经济转型升级的牵引力。快速崛起的新技术正在深刻改变生产生活方式，成为中国创新发展的新标志。

新技术能够改变生活方式，带来新业态。看似普通的外卖行业，用上蕴含大数据、云计算、物联网、人工智能等高新技术的智能配送技术，通过对天气、路况、时间等的统筹，在消费者、骑手、商家三者中实现最优匹配。新技术不仅催生新业态新模式，也更加精准地传送高质量的服务。2018年，全国每百位手机网民中，超七成用手机购物和支付，近五成用手机订外卖和预订旅行；数字经济规模达到31.3万亿元，占GDP比重达34.8%，供需两端"双升级"成为行业新一轮增长驱动力……随着信息技术快速迭代更新，数字经济在中国越来越多地触及生活的方方面面，正成为经济高质量发展的重要支撑。

新技术能够重塑力量对比，塑造新格局。新一轮科技革命和产业变革正在重构全球创新版图，重塑全球经济结构，在新技术尤其是人工智能、空间技术等颠覆性、战略性技术上占据制高点，需要下好"先手棋"。北斗卫星导航系统加速全球组网进程，相关应用产品已进入70多个国家和地区，GPS这个美国全球定位系统不再是卫星导航的代名词。正是凭借技术创新，多家中国高科技公司跻身世界级科技巨头之列，中国北斗、中国高铁、中国核电等逐渐成为国家名片。紧紧围绕经济竞争力提升的核心关键、社会发展的紧迫需求、国家安全的重大挑战，把"先手棋"下好下实，才能积累起自己的新优势。

新技术的进步映照着创新的厚度和活力。研究与试验发展经费年均增速世界领先、投入强度逐年提升，为技术创新源源不断地提供着原始创新、基础研究的源头活水；体制机制的改革创新，为新技术真正有"用武之地"开辟了通途。技术创新的浪潮奔涌向前，必将为推动高质量发展持续送上强劲动力。

《人民日报》2019年5月27日第5版

当互联网规模位居世界前列

中国互联网面向下一个 20 年，

需要转变原先只重数量只唯用户规模的发展方式，

进一步提升发展的质量

日前，中国互联网络信息中心发布了第四十次《中国互联网络发展状况统计报告》。报告显示，截至今年6月，我国网民规模达到7.51亿人，占全球网民总数的1/5。半年共计新增网民1992万人，显示我国互联网仍在逐步壮大。54.3%的互联网普及率尽管超过全球平均水平4.6个百分点，和欧美发达国家及日本、韩国等比起来，也仍有较大的增长空间。

从网民数量、市场规模和几大应用领域看，我国互联网发展规模已排在全球榜首，从量上看，中国是当之无愧的网络大国。比如，目前全球互联网产业几乎是中美两国的天下，世界十大互联网公司中，几乎清一色的是中国和美国互联网科技公司的身影，来自中国的公司能占到近一半。例如，阿里巴巴最新市值坐稳4000亿美元，成为亚洲第一家市值超4000亿美元的公司，进入全球上市公司第一方阵。

在移动互联网领域，中国更是走在了世界前列。7亿多网民中，手机网民规模达7.24亿人，各类手机应用的用户规模不断上升，场景更加丰富。其中，手机外卖应用增长最为迅速，用户规模达到2.74亿人，较2016年底增长41.4%；移动支付用户规模达5.02亿人，4.63亿人也就是61.6%的网民如今在线下消费时使用手机进行支付。

可以说，随着互联网自身和"互联网＋"的进一步发展，以互联网为代表的数字技术正在加速与经济社会各领域深度融合，成为促进我国消费升级、经济社会转型、构建国家竞争新优势的重要推动力。在线教育、网约车的用户规模分别达到1.44亿人、4.95亿人，共享单车用户规模达到1.06亿人，这些近几年迅速兴起的新生事物已走进了普通人的日常生活。

在增速扩容到一定规模后，当前最紧迫的是，我国互联网发展特别是互联网产业亟待提升发展的质量。一方面，是由于还存在一些共性问题：各类数据和个人信息泄露等网络安全风险依然存在，移动互联网恶意程序趋利性更加凸显，针对可穿戴设备、智能汽车、智能家居等物联网设备的新型网络攻击事件比例呈上升趋势；另一方面，已有的网络应用服务创新中，存在着泥沙俱下的现象：网上招聘平台信息鱼龙混杂，甚至有虚假信息误导用户；网络购物平台在做大的同时，还面对着打假的难题；社交工具被极少数人利用，成为网络黑色产业链的隐身之地，平台运营方需要有更好的监管办法；网络直播中也存在一些不良信息……在庞大的用户数量和利润数字面前，受到损害的用户看似"沧海一粟"，但对每一个用户来说，都关系到百分之百的切身利益。忽视这一点，只会让互联网服务提供商自食其果。

因此，对经过20多年发展的中国互联网来说，无论是所谓的进入互联网下半场，还是面向下一个20年，都需要转变原先只重数量只唯用户规模的发展方式，进一步提升发展的质量。要通过技术创新夯实和支持互联网的转型升级，同时也要在鼓励互联网创新的前提下，加强监督监管，保护每一个用户的权益，让每一个用户都能获取安全的链接、有效的互联网服务，这也是走向互联网强国的必然选择。

靠什么让互联网造福人类

创新的力量将不断驱动互联网造福人类，

让人类把命运牢牢掌握在自己的手中

前不久，第三届世界互联网大会在江南水乡乌镇举行。中外互联网人士齐聚这个年度全球互联网盛会，就"创新驱动 造福人类——携手共建网络空间命运共同体"的主题深度探讨，集思广益，让合作的共识直抵科技创新的"初心"——让互联网更好造福人类。

在大会上首次发布的世界互联网领先科技成果，如"百度大脑"人工智能技术、"神威·太湖之光"超级计算机、阿里云"飞天开放平台"高可用电子商务交易处理平台、IBM的沃森类脑计算机以及微软Hololens混合现实全息眼镜等，这些中国互联网的发展成就和全球范围内的互联网新技术，既是互联网自身发展的成果，也同时体现着创新驱动改变生活的力量。

毫无疑问，被称为20世纪最伟大发明之一的互联网，是我们这个时代最具发展活力的领域。以互联网为代表的信息技术日新月异，引领了社会生产新变革，创造了人类生活新空间，拓展了国家治理新领域，极大提高了人类认识水平，人们认识世界、改造世界的能力得到了极大提高。"互联网让世界变成了'鸡犬之声相闻'的地球村，相隔万里的人们不再'老死不相往来'。"

与此同时，互联网的快速发展，也给人类社会带来了一系列新机遇和新挑战。网络安全问题频发，网络欺诈、隐私泄露防不胜防，各种虚假、误导信息依然层出不穷。全球仍有许多人被困于信息的不毛之地，对美好生活的追求被不断拉大的信息鸿沟所阻碍。互联网发展不平衡、规则不健全、秩序不合理等问题日益凸显。这也正是人们达成共识，携手构建网络空间命运共同体的原因所在。

创新，始终是互联网最重要的基因之一，也是不断驱动互联网和移动互联网蓬勃发展、不断融入普通人生活的力量源泉，更是构建网络空间命运共同体、回答好"让互联网更好造福人类"的关键支撑。全球范围内，互联网科技巨头的举动常常是新技术发展、跨界融合的风向标，云计算、大数据、人工智能等技术或在互联网发展中诞生，或由互联网促成新的一轮发展浪潮。

当前中国正处于互联网快速发展的进程中，是全球互联网发展中一道靓丽的风景线。截至今年6月，中国网民规模达7.1亿人，手机网民规模达6.56亿人，互联网普及率达到51.7%。网络强国战略、国家大数据战略、"互联网+"行动计划以及"宽带中国"战略等，都将促进互联网和经济社会融合发展。过去一年，下一代网络技术IPv6全球增长翻番，有力支持着未来基础设施的发展。可以说，正是创新的力量使得互联网成为科技造福人类、让生活更美好的最典型代表之一。

在这次世界互联网大会开幕时，习近平主席通过视频发表重要讲话指出："中国愿同国际社会一道，坚持以人类共同福祉为根本，坚持网络主权理念，推动全球互联网治理朝着更加公正合理的方向迈进，推动网络空间实现平等尊重、创新发展、开放共享、安全有序的目标。"无论是建设网络强国，还是携手共建网络空间命运共同体，创新的力量将不断驱动互联网造福人类，让人类把命运牢牢掌握在自己的手中，创造出更加美好的未来。

《人民日报》2016年12月5日第19版

舌尖上的大数据

用好大数据，

正是"互联网＋"在传统产业中深层次应用的绝佳"入口"

世界知名的法国美食榜单《米其林指南》前不久第一次来到中国大陆，在首站上海发布了"2017上海版"，给本地餐厅排了一下"座次"。

以往，许多美食爱好者会根据推荐指南按图索骥，但这次米其林的上海美食指南似乎并没有得到太多认同。比如，让一些人感到"难以置信"的是：上海餐厅数以万计，但获得米其林三星评价"出类拔萃，值得专程前往"的只有一家；而获推荐的餐厅中，不少被上海本地人视为"大路货"。

与米其林的推荐相比，人们似乎更相信消费者自己的投票"排行"。譬如被评为"米其林三星"的这家上海餐厅，在"大众点评"APP上的消费者总评价是4颗半星，并非特别出类拔萃，类似口碑的餐厅也非个别。有网友如此评论："与其让'米其林先生'评价上海的餐厅，还不如让大众自己来点评。"

其实，东西好不好吃，只有自己的舌头知道，但刀工、厨艺是否精湛，食材、用料是否讲究，烹调手艺是否高超，也使得味道确实有高下之分，因此口碑传播对于饮食行业确实至关重要。凭借一批高水平大厨、美食家等人士的品评，提供专业的意见和建议，这是《米其林指南》100多年来依然有市场的原因。但在如今的移动互联网时代，大众口碑通过社交网络工具的叠加、积累，以大数据的形式出现后，在广度和精准度上更符合人们心目中口碑的特征。因而与其说是"米其林"碰到了大众口碑的"搅局"，不如说是传统的行业模式遇到大数据后产生了尴尬。

以饮食行业为例，大数据所产生的效应，比单纯的口碑效应还提高了几个维度，它能够反映消费者需求的变化趋势，为商户或行业提供供需信息。"美团点评"提供的餐饮大数据中，2015年消费者对小龙虾的关注度在4月骤升，5月触峰，6—8月保持高位；2016年，小龙虾提前捕捞、上市较早，消费需求高峰出现前移趋势。利用这个分析结果，小龙虾商户如果提早开市，就可以通过量少价高预热市场，抢占先机。同样的大数据分析发现，国内40.6%的火锅人均消费集中于50—75元，而火锅"吃货"们总体上偏好保龄球等放松型的娱乐项目。这些特征显然更有利于商家精准对接消费者。

作为网络和数字技术结出的果实，大数据一方面深入产业、生活，可挖掘出更加精准、细分和专业的信息；另一方面，还能打通、连接跨界领域和行业，从而拓展出更丰富的内容，甚至开辟出新的领域。大数据时代，社交工具的用户数据能够形象勾勒出不同人群的喜好和个性特征：淘宝的大数据能够洞悉用户的购买习惯和产业差异；腾讯安全数据可以看清哪些地区和人群是手机病毒和电信诈骗的重灾区；根据在搜索引擎上某个时段、某个地区内"流感"关键词搜索量的飙升，也可以大致判定这个地区流行性感冒是否多发。

在厘定隐私边界和商业使用规范的前提下，大数据正在为各行各业带来"化学反应"。用好大数据，正是"互联网＋"在传统产业中深层次应用的绝佳"入口"。

《人民日报》2016年10月28日 第17版

网络安全已成民生要事

网络安全的主要威胁已经从黑客攻击模式转变为不法分子的敛财工具，亟待从技术上寻求防护对策，从理念上提高全民的网络安全意识

面对网络安全风险，熟悉互联网的"90后"竟然更易中招？这似乎打破了公众的一般认知。但从统计上看，这的确是事实。日前，腾讯安全发布了《2015年度互联网安全报告》，显示"90后"为主的青少年群体虽然在互联网上比较活跃，但由于网络安全基础技能、网络应用安全意识等都相对薄弱，10—18岁的年轻用户网络中毒人数最多，占比高达约78%。除此之外，《安全报告》还揭露了手机支付、智能设备等领域的安全问题。这些都表明互联网融入生活越深，信息安全风险越大，网络安全的主要威胁已经从黑客攻击模式转变为不法分子的敛财工具。网络安全的保护已成为民生要事，亟待从技术上寻求防护对策，从理念上提高全民的网络安全意识。

互联网自诞生之日起，就暴露在黑客攻击之下，与后来的牟取不法利益相比，早期的黑客攻击多少还带有技术试验和炫耀的目的，但随着全球互联网基础设施规模的壮大、连接的无限增长和用户数的急剧膨胀，黑客攻击频率也相应增加，同时逐渐出现了以非法获取经济利益为目的的黑色产业链。连早期"技术宅"的黑客也批评当下这些所谓的"黑客"已经侮辱了这个称号。有人认为，当前的网络攻击技术含量越来越低，呈现简单的工具化。但毫无疑问，攻击的手段却随着互联网新应用和服务的涌出层出不穷，这使得网络安全形势变得愈加严峻。

截至2015年12月，中国网民规模达到6.88亿人，上网人数占比已超过人口总数一半。同时网民的上网设备正在向手机端集中，手机网民规模达到了6.2亿人。网民数量的激增和旺盛的市场需求推动着互联网领域更广泛的应用发展热潮。互联网的普惠、便捷、共享特性，已经渗透到公共服务领域，一方面能有效促进民生改善，但另一方面，由于网络安全还做不到万无一失，这给不法分子提供了更多的可乘之机。大数据时代的一个副作用就是，不法分子窃取用户隐私的方式增多，隐蔽性也不断增强。

比如，《安全报告》里提到，连接Wi-Fi成为网民习惯，但这一生活方式也被黑客所利用。2015年第三季度，用户每天有超过2亿次Wi-Fi连接，其中，有70万人次连接了风险Wi-Fi。尽管对风险Wi-Fi的危险进行了普及，80.21%的网民仍随意连接公共免费Wi-Fi，38.96%的网民使用无密码Wi-Fi进行网络支付。在手机网上支付迅速增长、手机网上支付用户规模达到2.76亿人的同时，针对移动支付用户的病毒也呈逐月上升趋势，手机支付领域成为重灾区。当智能硬件成为互联网新趋势，智能生活却面临着立体式攻击，智能家居、智能汽车、机器人等很可能被远程攻破和控制。

可以说，互联网安全形势严峻，所谓的"黑客"比用户想象的更狡猾。在攻防两端技术角力的同时，应该认识到，包括移动互联网在内的互联网已经深刻改变了生活，塑造了新的生活习惯。网络安全已成为生活的必需品，而不仅仅只是程序员和网络工程师们关心的对象。对普通人来说，虽然短时间内不能大幅提升网络安全技术水平，但可以通过掌握网络安全基础技能、重视个人信息等方式加强自我保护，这往往比技术防护更加有效。

《人民日报》2016年2月5日第20版

光缆也能绊倒巨头

维护网络安全应当是落实到每一个人头上的责任和义务，

增强网络安全意识、普及网络安全知识、提高网络安全技能

一个都不能少

6月1日到7日，是第二个国家网络安全宣传周。几天前发生的两起网络安全事故，让这个网络安全宣传周格外引人关注。无论是互联网相关管理部门的着力推动，还是阿里云推出云计算贴身安全卫士"云盾"以及腾讯、启明星等安全厂商携手合作，都显示出网络安全的分量之重。

"一根光缆绊倒一个巨头"的支付宝大规模故障，"员工错误操作"导致的携程官网及APP瘫痪事件，虽然未造成全网络的安全损失，但也着实让享受互联网便利的网民惊出一身冷汗。网络安全不仅事关国家安全和国家发展，也直接关系到每一个网民的切身利益。只有保护好每一个网民的安全，才能让网络安全落地生根，用坚实的一砖一瓦，构筑起国家网络安全的坚固长城。

从台式机访问网站，到智能手机随时随地连接各种社交网站、APP应用软件，从电话线拨号上网到光纤入户，互联网在不断升级换代，网络结构越来越盘根错节，技术越来越精深，网络安全也随之变得更加复杂乃至脆弱。网络安全问题仿佛是互联网技术双刃剑的另一面，随着互联网的发展也在"自我进化"，呈现出更新、更明显的特点。

网络安全事件发生的"门槛"正不断降低。十几年前，黑客活

动范围还只是局限在一些技术小圈子里，他们中的大部分人都是聪明的程序员，以解决计算机和网络技术难题为荣，对攻击网站和服务器并不那么感兴趣。遭遇网络安全问题的，也往往是企业、高校等。曾经在大多数时期内，黑客们对微软的 Windows 操作系统都"嗤之以鼻"，认为太没有技术含量。但各种帮助设计软件甚至病毒的开发工具的出现，使得别有用心者可以轻松地按葫芦画瓢式开发出电脑病毒和木马软件，这直接助长了网络攻击事件一再发生，以及侵犯个人隐私、窃取个人信息和诈骗网民钱财等违法犯罪行为的猖獗。而所谓的"黑客"，也更加低龄化、缺少技术"情怀"，仅仅为非法牟利而随意发动攻击。

目前网络安全发展的最大特点，毫无疑问是"直接关系到了每一个人的利益"。互联网和现实生活的线上线下交互，使得网络安全问题也关系到了现实世界实际的安全问题。QQ 游戏币被盗取和售卖，支付宝不能登录和操作，都直接给用户带来了经济损失的风险。微信支付、支付宝等在线支付手段被广泛使用后，一张张绑定的银行卡，为网络犯罪分子所觊觎。尤其是"互联网 +"同传统产业深度融合后，无论是"万物互联"，还是"工业 4.0"，融入信息和互联网基因的工业和其他产业，一方面将因此获得更高的效率、更加优化的成本，另一方面也将从此进入网络空间，由此面临网络安全带来的风险。从这个角度来说，现实和虚拟世界的边界变得更加模糊。

互联网要连接一切，但连接一切的前提和基石必然是网络安全。从网络安全发展趋势看，维护网络安全应当是落实到每一个人头上的责任和义务，增强网络安全意识、普及网络安全知识、提高网络安全技能一个都不能少。互联网普及到今天，大部分人现在都不会再去轻易点击电子邮件或打开匿名短信，但要做个"中国好网民"，确实还得时时"刷新"自己，多掌握几招网络安全防护技能。

"互联网 +"的五个关键词

创新、协调、绿色、开放、共享这五个关键词，

恰恰也是建设网络强国、

推进互联网自身发展、推动"互联网 +"行动深入前进的关键词

今年的"双11"，比阿里巴巴一天交易额超过912亿元更值得关注的是，它的技术能力支撑了最高1秒14万单的交易峰值。技术创新，这对于正在建设网络强国、实施"互联网 +"行动的中国更为重要和关键。

十八届五中全会提出要实施网络强国战略，实施"互联网 +"行动计划，发展分享经济，实施国家大数据战略。"十三五"规划建议首次提出"拓展网络经济空间"。创新、协调、绿色、开放、共享的发展理念，对实现"十三五"时期发展目标至关重要。这五个关键词，恰恰也是建设网络强国、推进互联网自身发展、推动"互联网 +"行动深入前进的关键词。

创新是互联网和"互联网 +"最重要的基石。作为科技创新的产物，互联网发展到今天，其影响力不仅仅局限于网络空间，也促使线上和线下深度融合，创造出众多的商业模式和技术产品。云计算的发展使得计算和存储能够像水和电一样，为各种创新创业提供基础资源。无论是智能制造，还是新一代信息通信技术，都和互联网的发展有关，也是"互联网 +"的融合对象。

同时，互联网和传统行业的拥抱，又推动互联网进一步升级换代。加快构建高速、移动、安全、泛在的新一代信息基础设施，包

括布局下一代互联网，能够加速网络强国战略的深入实施，促进整个国家创新体系的建设。不可否认的是，目前自主创新方面，中国互联网领域还落后于美国等发达国家。建设网络强国需要自己的技术、过硬的技术，"互联网+"还需要夯实互联网自身的基础，因此创新依旧是互联网最重要的理念。

"互联网+"本身也是促进协调、绿色发展的有效工具。作为一项信息技术，互联网通过网络互联、信息互通改变了许多落后地区的面貌，深刻改变着人们的生产生活。即使是世界上最偏僻的一角，只要接入互联网，就能接入全球这个大家庭。

但我国东西部地区之间、城市和农村之间，依然存在不小的数字鸿沟。从统计数据看，到今年6月，我国网民规模达6.68亿人，而农村网民占比只有27.9%；城镇地区与农村地区的互联网普及率分别为64.2%和30.1%，两者相差34.1个百分点。从前的乡村建设需要连接水、电、路，现在需要连接的还有互联网，从而迅速缩短差距，甚至实现跨越式发展。信息技术本身也是绿色的。通过发挥信息化的作用，推动互联网与传统行业的融合、互联互通对农村发展的支撑，可以促进可持续发展。

开放和共享始终是互联网的基本特质，也是互联网能够发展壮大到今天这个规模的重要基石。"互联网+"本身就是开放的产物——生态链和产业链开放、技术和资源共享，激发了人们创新创业的激情，催生了互联网共享经济现象的出现。未来，开放、共享仍然是互联网和"互联网+"发展需要坚持的重要理念。可以说，只有秉承创新、协调、绿色、开放、共享的发展理念，"网络基础设施基本普及、自主创新能力显著增强、信息经济全面发展、网络安全保障有力"的网络强国建设目标才能实现，"互联网+"的果实也才会更加丰硕。

"互联网 +"不只是做加法

"互联网 +"给了人们无限想象，

也正在构建大众创业、万众创新的更广阔空间

从今年两会在《政府工作报告》中出现，到此后引起大众关注，"互联网 +"俨然已是一个新锐热词。

在"互联网 +"行动计划的牵引下，对传统行业来讲，互联网的助推器和润滑剂的作用将更为显著，甚而创造了一种新的经济形态——将互联网的创新成果深度融合于经济社会各领域之中，提升实体经济的创新力和生产力，形成更广泛的以互联网为基础设施和实现工具的经济发展新形态。

目前，各种"互联网 +"行动计划开始制定，甚至有的地方已经尝试启动相关行动。"互联网 +"行动计划，目的是推促移动互联网、云计算、大数据、物联网等与现代制造业结合，促进电子商务、工业互联网和互联网金融健康发展，引导互联网企业拓展国际市场。

可见，"互联网 +"要加的对象，既可以是互联网自身的新生事物，也可以是传统的或者线下的各行各业。对"互联网 +"行动计划来说，"互联网 + 传统行业"蕴含着更大的创业创新空间、更多升级换代和颠覆性改变的可能。

不过，互联网作为基础资源和基础设施，并不应该像电能、高速公路一样简单地拿来使用，"互联网 +"不仅仅是做加法，它可能还要做减法、做乘法。它不只是物理融合，还要参与和促成化学反应，催生出效益更高、质量更好的新生态。

"互联网＋"做减法，是指在和传统行业融合的过程中不断地"减"去原有的难题或障碍。例如，日前互联网交通、互联网医疗和在线教育等领域已经小有成果，移动互联网的"随时随地连接"方便了许多人的日常生活。但在进一步发展中也发现，政府部门拥有的大量数据，由于没有直接互联和共享，目前用户还只能简单地使用，数字资源的信息价值也没有充分挖掘出来。"互联网＋"做减法，就是要通过移动互联网、大数据等新技术减少信息孤岛现象，把这些"孤岛"串联起来用于改善民生。

　　"互联网＋"做乘法，乃至发生化学反应，更多的是指提升线下运营的效率，提高传统制造水平的智能化。它可以是盘活、提效，也可以是改造、升级。

　　比如，简单的团购模式，背后是线下运营效率的提升。淡季时上座率只有15%的电影院，可以通过互联网渠道，以极低的价格让更多观众坐在剩余的85%座位上，从而盘活闲置的资源。又如电子商务的发展带动了物流业的发展，全国规模以上快递企业50%的业务量都来自网络零售的配送；互联网金融倒逼利率市场化和传统银行业的改革。而在制造业的智能化转型方面，美国通用电气公司已将工业互联网作为智慧与机器的桥梁，他们依据从飞机传回的数据对喷气引擎进行预防性维护，仅此在美国就防止了不止6万次的航班延误或取消。如果将传感数据收集和分析用于提高燃油效率，1%的增幅就能使航空业每年节省20亿美元。这些都属于"互联网＋"促成的"化学反应"。

　　"互联网＋"给了人们无限想象，也正在构建大众创业、万众创新的更广阔空间。对于寻找"风口"的互联网和线下行业来说，"互联网＋"的这股"东风"切勿错过。

《人民日报》2015年4月10日第20版

互联网灵魂不会变

创新是中国互联网发展的持续动力与关键，

从网络大国迈向网络强国，

必须在技术上获得突破、力争领先

自认技术"极客"的李彦宏，最近在极客公园创新大会上透露：他和百度的工程师共同拥有一个叫"对象识别方法和装置"的专利。这个面向移动互联网时代的专利技术，目标是让用户和搜索引擎更自然地沟通，未来的搜索将更加智能，不再只是按关键词猜测用户的搜索需求，而是帮助用户整理思维过程，明白自己真正想要什么。

这是李彦宏的第二个专利，被认为极具前景甚至可能带来下一个千亿美元。理由是，除去运气成分和商业模式的成功，李彦宏早期的"超链分析技术"专利，被认为锁定了百度今天接近800亿美元的规模，"这是当初做技术的时候完全没有想到的"。

技术始终是互联网发展的"超级引擎"，百度只是一个例子。中国第一个全国性互联网——中国教育和科研计算机网（CERNET）也是技术推动的典型。20余年发展，3万公里光纤，100吉比特每秒主干网带宽，接入2000多所高校，成为全世界最大的学术互联网……CERNET的发展，有点类似中国互联网技术的创新发展史，其发展过程进一步验证，不断的技术创新才是中国互联网发展的不竭动力，也是造就中国互联网大国的基础。

可以说，互联网的灵魂始终没有改变也不会改变，技术创新永远是互联网发展的原动力。互联网的发展是需求牵引，但没有技术则根本无法触发出新的应用。网络接入传输速度的突飞猛进，是之前"做梦也想不到的"；电子邮件、浏览器、搜索引擎，以及即时通信工具和社交工具，让时间变成了"碎片"。无论是看不见却为互联网"撑腰"的网络底层核心技术和默默无闻的科学家，还是始终被大众热捧的技术产品与风云人物，都在不同层面的技术领域不断擦亮着互联网的创新引擎。

技术的积累，也意味着后来居上和抢得先机的可能。不重视技术创新和积累，不提前布局，可能就被掀个人仰马翻。如同李彦宏所说，技术在量变时你不在乎，质变时你就会觉得很突然。一旦量变积累到质变时，可能已被打得措手不及。目前看，中国互联网规模有了，但就技术积累和领先程度而言，不仅不是互联网强国，连大国的称号还无法完全名副其实。在互联网技术标准贡献率和人工智能、大数据、云计算等原创概念方面，我们仍是跟随者。

跟在别人后面，永远都没有机会超越，必须要有勇气敢于超越。如果在下一代互联网建设之初，第二代CERNET不选择纯IPv6互联网技术路线，可能就不会有后来的国际首创。恰恰是敢走一条完全不同于欧美发达国家的技术路线，才让中国科学家抓住了这次互联网升级换代的机会，获得了11项国际互联网标准RFC，有了发言权。此前的第一代互联网，仅有一项标准来自中国。显然，创新是中国互联网发展的持续动力与关键，从网络大国迈向网络强国，必须在技术上获得突破、力争领先。

当然，作为智慧的结晶，技术创新难度极大，具有巨大风险，甚至短期内难见红利。百度在过去两年内加大技术投入，使移动互联网在流量上超越了传统互联网，而另一边，企业的利润率下降明显。但对李彦宏来说，这其实表明一种决心，他"愿意砸钱、愿意投入，不在乎股价跌一半或更多，一定要把这事做成"，也因为"对技术的信仰"，百度不吝在人工智能、深度学习等长远技术领域大量投入。这是基于这么一个判断：在移动互联网时代，技术不是变得不重要了，而是变得更重要了。其实正是两年的巨大技术投入，使百度经历了转型的平稳过渡。

互联网技术创新是国家创新驱动发展的一部分，在互联网领域，万众创新的潮流更为奔涌，科研机构、企业、"极客"、"创客"等各类创新主体的创造潜能亟待更多释放。创新不易，但对懂技术、对技术有信仰，同时又能放空自己大脑、站在普通用户角度看问题的创新创造者来说，空间很大，舞台也很大。在创新大潮的推动下，行稳致远，互联网技术强国的梦想有望成真。

《人民日报》2015 年 1 月 26 日 第 20 版

"互联共享"是谁的免费午餐

用户在"不知情"的情况下成为免费共享的午餐，
这可能将给他们带来一种心理上的不安全感，
也可能会引发隐私泄露的现实问题

新浪微博日前宣布，已与奇虎360正式签订全平台战略合作协议，实现双方账号"互联共享"，一个账号就能使用新浪微博和360的安全服务。在当前互联网平台开放的呼声下，这也是微博这种社交网络平台和互联网安全服务平台之间的合作。此前，也有社交网站尝试在不同社交网站之间实现"一号直通"，尽管并不成功。

新浪微博有数亿用户，奇虎360也有自己的平台注册用户。双方合作意味着各自一方的用户量将大幅上升，并且减少了原本可能需要自己开发的互联网服务。微博的庞大用户对奇虎360来说自然是极大诱惑，而新浪微博也可以低成本使用相对专业的安全服务。

互联网服务提供商之间的商业合作是市场行为，无可厚非，其着眼点无非是为企业盈利和发展考虑，因此也自然会为用户获得互联网服务提供方便、丰富的体验。不过，随着网民人数的日益庞大，与互联网发展早期看重用户"访问量"指标相比，网民所创造的互联网内容（文字、音乐、视频等）日益成为互联网公司二次甚至多次盈利的源泉，譬如当娱乐明星更新一篇博客或微博时，微博平台即可将其摘取作为一条娱乐新闻。

甚至，通过数据挖掘的方式，网民群体自身也已成为"被免费使用"的资源。在上网获取的各种服务中，用户透露的信息、表现的行为，反映了年龄、性别、习惯、爱好，以及展现的各种社会关系，互联网服务商通过对这些数据和信息进行数据挖掘、特征分析，即可提供更加精准的广告投放，主动推送产品服务，提供社交关系的延展，等等，并从中获得巨大而丰厚的利益。

这种数据挖掘很可能将是最近数年互联网公司竞争的核心方式之一。比如，通过数据挖掘，为机器学习提供最佳的资源和模式，可以让搜索引擎更加人性化和个性化，使其甚至能够预判用户的意图，提供最佳的搜索结果。而利用电子商务网站和社交网站内部的垂直搜索功能，则可以根据用户的浏览习惯和喜好推送用户需要的产品和想要建立的人际关系。

一些互联网服务提供商，还可以通过收集、分析用户的上网习惯和其他细节，为其他厂商提供咨询服务。例如，最近出炉的一个研究报告，以中国未婚男性这个群体为对象，分析了他们的上网习惯，对电子设备的使用和选择，数字信息的获取习惯及其背后深层次的动机及原因。这就使电子设备品牌厂商，能更为清晰地了解未婚男性的上网习惯以及对各类电子设备的选择。

在"奉献"自己"隐私"的过程中，用户确实得到了较以往更快捷、更方便、更丰富的服务。但用户在"不知情"的情况下成为免费午餐，特别是在互联网公司加深合作的大背景下，更是成为共享的免费午餐，这可能将给他们带来一种心理上的不安全感。另一方面，这也可能会引发隐私泄露的现实问题。

数据挖掘、利用已成为互联网技术发展和商业竞争的现状及趋势。作为弱势一方的互联网用户，虽然可能无法改变这种现状和趋势，但至少要清楚和有权利知道自己在"数据挖掘和利用"中充当了什么角色。

《人民日报》2012 年 2 月 6 日第 20 版

认清互联网的另一面

电脑和互联网的普及正在改变人类记忆的基本方式。
既然无法避免被互联网的洪流所裹挟，
那我们应该清醒地认识到这种改变的另一面

和一位同行网络聊天，他从微博上粘贴过来一段文字，是关于网民对他一篇报道出现"错误"的嘲笑。这位同行不无委屈地说，其实网民的指责并没有道理，他曾就这篇报道的事实求证过采访的专家。但借助微博转帖的力量，这个所谓的报道错误已经在不小的范围传播，那些"没脑子"的评语让他大脑发胀。

或许，看到这样一串数字，这位同行应该感到"庆幸"，至少还没有被造成"公众事件"：7月19日的最新统计数据发布显示，2011年上半年，我国微博用户数量从6311万迅速增长到1.95亿，半年新增微博用户1.32亿人，增长率达208.9%，在网民中的使用率从13.8%提升到40.2%。只要一个微小比例的微博互转发，都有可能形成一个大的公共舆论事件。

同样是来自中国互联网信息中心的数据，截至6月底，中国网民规模达到4.85亿，互联网普及率攀升至36.2%。而在全球约70亿的人口中，上网人数规模大概在20亿。

信息以光速传递，并不断压缩在指尖。互联网让地球上相距最远的两个人能够面对面一样聊天，能够让一个人的意见1秒后在全世界表达，它也能让人拥有几千年来世界的知识和智慧。另一方面，我们的生活方式也发生了改变。我们很少再捧起书本从容地阅读智慧、沉淀思想；我们更加虚幻和浮躁，流连于虚拟的社交，结交从不见面的朋友，沉醉在点击、转帖、粉丝的数量统计上；我们随时在线，一旦离线，焦虑和不安难以挥去；有时候我们更在意网上民意的数量，而忘了去甄别质量。

　　这种经验式的结论似乎也被科学部分证明。在最新一期《科学》杂志上发表的一篇研究报告称，电脑和互联网的普及正在改变人类记忆的基本方式。一个心理学实验显示，如今人们一旦遇到难题，首先想到的是去找电脑和网络，如果有些信息能在网上找到，那么人们的记忆就会告诉我们去网上找。互联网就像一个我们可以依赖的所谓"交换记忆"的系统，而不是我们自己去记忆东西。

　　不过，这篇论文的作者也解释说，"人们对信息存储在哪里记忆得清楚仔细这一点就说明，我们的记忆力并未退化，只是被记忆的东西改变了""因此我并不认为互联网和搜索引擎让我们变愚钝了，它们只是改变了我们需要记忆的东西"。

　　身处互联网时代，谁也无法避免被互联网的洪流所裹挟，那么，至少我们应该清醒地认识到这种改变的另一面。

《人民日报》2011 年 8 月 1 日 第 20 版

第五章

精神高地

　　对科学家而言，科学事业是从自己所从事的科研中获得乐趣，享受在科学殿堂中探索的每一寸前进。在大众眼中，科学家则是一群脑门上闪着"智慧"两个字的群体。实际上，科学事业的伟大和崇高之处，更在于这是一个为人类谋求发展和进步的事业，也在于这个过程往往需要艰巨和锲而不舍的付出。甚至在这寻找科学真理的跋山涉水中，或许穷其一生都难以叩开突破之门。正因如此，人们不仅将科学家视为崇拜的对象，也对科学精神投去崇慕的目光。

　　伟大事业孕育伟大精神，伟大精神引领伟大事业。科学精神凝练自科学事业，同时也推动着科学事业的发展，支撑无数科技工作者在自己的领域从事着卓然不凡的攻关突破。在科技创新越来越重要的今天，在科技创新决定未来的当下，我们要进一步坚持弘扬科学精神、秉持科学态度、遵循科学规律，站在精神高地眺望并奔向更远大的前程。

以坚实的精神支撑激发创新的力量

我国的创新事业正逢大有可为的历史机遇，

也处于爬坡过坎的关键时期，

尤其需要凝聚广泛的思想共识，熔铸坚实的精神支撑，激发创新的力量

前不久，随着长征三号丙运载火箭腾空而起，第45颗北斗卫星成功飞向太空，为我国北斗二号卫星系统的建设画上了圆满的句号。

北斗是中国人的骄傲，是国家的名片。随着核心部件国产化率逐步提高至100%，以及一系列技术瓶颈被相继克服，我国北斗发展之路越走越自信，实现了航天技术的新跨越，我们昂首屹立于世界卫星导航强手之林。

北斗的成功秘诀是什么？北斗三号卫星首席总设计师谢军说过一番话：怀揣北斗报国情，一代又一代北斗人接续拼搏二十载，练就了一支技术精湛、作风过硬、开拓奋进的人才队伍，传承经验和文化，铸就了"自主创新、团结协作、攻坚克难、追求卓越"的北斗精神，携手塑造了"中国北斗"这个响当当的品牌。创新者的亲身经历证明，自主创新事业的突破离不开创新的思路、高效的组织、精细的管理，更少不了一种精神。

"任务虽有期，但北斗精神永存。北斗人将来无论在何处，都会以北斗人的高标准、严要求，将北斗精神传承下去。"北斗二号任务团队的肺腑之言表明，创新者最看重精神财富，最希望精神财富能够长久传承。

中国载人航天工程总设计师周建平院士曾说，没有特别的精神，

就没有特别的业绩。的确，如果没有"两弹一星"精神，怎么会有大漠深处的惊天动地？没有载人航天精神，中国人的身影如何能映照浩瀚太空？没有探月精神，月球车也很难星际飞越30万公里之遥，在古老的月球背面自如行走。

精神无形，却能让人负重前行。回眸创新征程，钱学森、朱光亚等一代科学大师以身报国，在新中国一穷二白的基础上打下大国科技坚实的基础；王选院士立足创新前沿，"逆潮流而上""九死一生"攻克汉字激光照排技术；中国大飞机人矢志攻关，用近十年时间将一款国产大客机送上蓝天。

可以说，咬定原始创新不放松、着力突破关键核心技术，在这些大大小小、热气腾腾的创新场景中，少不了最朴素的情怀、最厚重的精神。

当前，我国的创新事业正逢大有可为的历史机遇，也处于爬坡过坎的关键时期，尤其需要凝聚广泛的思想共识，熔铸坚实的精神支撑，激发创新的力量。通过弘扬创新精神，并不断赋予和丰富新的时代内涵，创新之舟定会更加自信从容地驶向未来。

《人民日报》2019年5月27日第19版

用平凡铸就伟大

在奔向梦想的路上，

每个人就像一朵浪花，

既汇成大海，也依托大海

从阅兵式上亮相的大国重器，到大型成就展上展出的尖端突破，最近一段时间，新中国成立70年以来的诸多科技成就以各种形式集中呈现。时光已久，但"两弹一星"等实现科技突破的故事，依然熠熠生辉，让人们重温起那段充满激情与梦想的岁月，也深刻体会到今天的"奇迹"来之不易。

在电影《我和我的祖国》的《相遇》篇章中，原子弹研发人员高远的故事让人动容。他隐姓埋名，与恋人分离，为了挽救科研设备遭受核辐射，献出了年轻的生命；在江苏卫视的《阅读·阅美》中，"两弹一星"工程的亲历者王鹏老人，讲述了他自己的故事——驻守罗布泊19年，离家19年，家人去世也无法赶赴现场，只能写下一封永远无法寄出的家书……而他身边，都是这样"干惊天动地事，做隐姓埋名人"的同伴。

不同的场景，一样的情怀。一大批优秀科技工作者的点滴付出，铸成了国家盾牌和国家发展的基石。他们不仅一起推动了原子弹、导弹和东方红一号卫星的研制，也共同铸就了"两弹一星"精神，激励后人。

70年来，正是广大科技工作者对国家利益至上的坚守，对民族伟大复兴梦想的追逐，凝聚起国家越来越强大的科技实力。今天，在迈向科技强国的征程上，我们仍然需要像"两弹一星"这样的宝贵精神财富。无论是《我和我的祖国》用 7 个小故事塑造出鲜明可爱的"小人物"形象，还是《阅读·阅美》节目聚焦"两弹一星"人涂涂改改后依旧未能寄出的家书，都不约而同地将镜头对准了各行各业的无名英雄，记录下平凡人的默默奉献和他们心底最深沉的爱国情怀。这些生动的、可触摸的故事直击人心——只要坚守自己的职责，我们普通人也能用平凡书写不凡，以普通铸就伟大。

在奔向梦想的路上，每个人就像一朵浪花，既汇成大海，也依托大海。只要浪花翻滚，永不停歇，就将铸就更大的中国"奇迹"。

《人民日报》2019 年 10 月 23 日第 12 版

梦想需要加速器

尽管时代在变，科研条件越来越好，

但选择什么样的舞台，心怀何等的抱负，

依然对科学家的成就和发展产生着巨大的"加速"效应

　　两天前，谢家麟院士告别了一生钟爱的粒子加速器和物理科学世界。但对他来说，科学探索是一场"没有终点的旅程"，他在粒子加速器科学技术上的卓越成就，也将和"谢家麟星"一样永久闪耀。

　　4年前的2月，在获得2011年度国家最高科学技术奖后，这位国际著名的加速器物理学家当着众人的面评价自己"很一般，很平常，不聪明"。在谈到什么是科研工作时，他说，"就是解决困难。路都摆在那了，你顺着走，还叫什么科研工作？科研的根本精神就是创新，就是没有路可走，自己想出条路来走"。科学大家的这番话，凝结了他一辈子在科学探索之路上的心得和体会。

　　就像音乐家使用音符组成美妙的音乐，诗人凭借字句的安排咏出千古绝唱，高能物理和加速器研究者，是利用电磁场和粒子运动的规律，向人类探索物质本源的终极梦想不断迈进。谢家麟先生领导设计和制造的粒子加速器，就像一枚枚科学探针，探究着微观物理世界的基本规律，同时也驱动着他向自己的科学与人生梦想加速前进。

　　对创新的执着是谢家麟先生科学生涯的"加速器"。抗战期间他和妻子登报旅行结婚，行李中还带着半箱临行时跑到城里中药铺买来的滑石，希望有机会能继续研究无线电。在蜜月中，他居然还找到一个铁匠铺继续烧炼。对此情景，喜欢作诗的他曾赋诗以证："一心烧炼人笑痴，满箱密件是顽石。春风蜜月谁为伍，火炭风箱度乱时。"

"对生我育我的祖国做出些贡献"，是驱动谢家麟院士毕生抱负的另外一台"加速器"。

新中国成立初期，在研制成功世界上第一台医用加速器之时，在做他国永久居民和限期离境之间，他毫不迟疑地做出抉择，选择后者。20世纪80年代，为了追赶上与国际先进水平几十年的差距，他大胆超前、小心验证，带领队伍成功建造"两弹一星"之后最重大的科学工程——北京正负电子对撞机。尽管时代在变，科研条件越来越好，但选择什么样的舞台，心怀何等的抱负，依然对科学家的成就和发展产生着巨大的"加速"效应。

谢家麟先生为人恬淡冲融、乐观豁达，但他曾对自己的孩子说过这样一句话："如果一个人不能成为伟大人物，可以原谅，那是机遇和能力的问题。但不能成为一砖一瓦，那是不可原谅的。"无论是科学大师还是普通人，都有自己的人生梦想。如果能为梦想找到一台"加速器"，那么这样的人生旅程，将不会有终点。

《人民日报》2016年2月22日第12版

大担当才有大事业

有担当的科学家才能着眼于更广袤的世界，
愿意尽责的科研人员才会作出更大的成就

不久前，全国科技创新大会、两院院士大会、中国科协第九次全国代表大会在京举行，盛况空前。因科学技术获得的重视程度，被赋予的重要地位和角色，这也被形容为又一个"科学的春天"已经到来。

中国的科学技术事业，有望更多更快地向"并行者"和"领跑者"转变，迎来厚积薄发的局面，特别是将涌现出更多的领军人才和出色的科技工作者，他们将成为建设创新型国家最强劲的引擎。这样一个创新大潮奔涌的时代，对有志于从事科学技术事业的人而言，无疑是最好的时代。

人才是创新中最活跃的要素。在创新活动中，既有顶尖的大师级人物，也有广大的科研人员团体，包括那些科研辅助人员，他们构成了积极进取的科学大军。科研水平可能有高低，但创新的灵感和精神不会因为从事的科研工作不同而有高下之分。"有多大担当才能干多大事业，尽多大责任才能有多大成就"，有担当的科学家才能着眼于更广袤的世界，愿意尽责的科研人员才会作出更大的成就。

不久前逝世的火箭专家梁思礼先生，被人们称为大家、大师，一方面因为他在航天领域的杰出成就，另一方面，也是因为他从海外学成归来，几十年来为新中国"两弹一星"伟业和航天事业作出的贡献，那份拳拳报国之心、为国担当的勇气为人所敬仰。一些留学海外后因为种种原因留下发展的华裔科学家，尽管在科学领域取得了巨大的成就，堪称学术上的大师，应该也会为回国报效的同学、朋友的赤子之心所感动，内心或许别有一种对"大担当、大事业"的回味。

担当需要担负起责任，也意味着更多付出。全球科技发展日趋同步，国际合作交流日益紧密，这让科学家受益，但也使得原创性创新、源头突破越来越难。同时，科学学科越来越齐全，科研模式越来越趋向于大团队、大工程，在先进的科研仪器和设备的帮助下，即使重复前人的成果，也能出现一些"新东西"，照样也可以在顶尖学术杂志发表论文，耽于安逸的科研人员或许也可以混得不错。有担当意识的科学家，则要有与众不同的开拓之志、进取之心，有意识地去攻破最难最具备颠覆影响的科学难题。无限风光在险峰，最好的风景往往留给攀爬到顶峰的人。

有担当、敢担当，当然还意味着专注和坚持，能坐冷板凳，也能在荣誉的光环下继续快步前行，在浮躁的学术环境中也能保持一颗初心。科技兴则民族兴，科技强则国家强，这正是科技的担当精髓。在建设世界一流科技强国的征程中，也将成就科学事业和广大科技工作者自身。

《人民日报》2016 年 7 月 8 日第 18 版

告别布鞋院士　难忘一颗初心

每一位做出大成就的科学家，

从事的领域、个人的性格难说相似，

但求真务实的态度往往相似

"布鞋院士"，68岁的李小文1月10日离世，消息来得很突然。

尽管他留下遗愿，丧事从简，不举行追悼会。但他离去的当晚，网络社交平台上，对他的怀念还是铺天盖地，一如他在去年因光脚穿布鞋授课而走红，成为网友口中"不起眼却身具盖世神功的扫地僧"和大众眼中"有个性、有才华、有风骨"的科学家。

李小文的"走红"，在于他身上折射出的巨大反差。最初的反差，是他朴素、不拘小节的打扮，与大众心目中的院士形象相去甚远；随着他被挖掘出更多极富个人魅力的生活细节，一个成就了"20世纪80年代世界遥感的三大贡献之一"，同时却又极为淡泊名利、执着科研的科学家形象，与人们印象中被浮躁风气浸染、公信力有所消解的科学圈形成了又一个反差。可以说，李小文个体的"出现"，实际上激荡起了社会群体潜意识的涟漪，乃至被认为有助于重塑科学界的榜样和信心。

客观地讲，由于近年来学界出现的一些杂音，科学家的形象多少被打了折扣，长大后成为一名科学家也逐渐不是小孩子们脱口而出的梦想。尽管如此，普通公众还是会对真正的科学家肃然起敬，为难以理解的科学奥秘而着迷，对科学的向往和情结依然牢固。

一大批包括李小文在内的科学家，一直是承载这种理想标杆的坚实基础。刚刚获得国家最高科学技术奖的89岁的于敏院士，曾隐姓埋名三十载，"两弹一星"元勋的称号并没有给他带来多大的社会知名度，他觉得"一个人的名字，早晚是要消失的"。92岁获得国家最高科学技术奖的植物学家吴征镒说，"我感觉到学无止境，后来居上"。孙家栋院士则只给自己打了及格分……每一位做出大成就的科学家，从事的领域、个人的性格难说相似，但求真务实的态度往往相似。"布鞋院士"最吸引人的地方，自然不是科学家的朴素，而是科学家的专注。

有人用"纯粹"来形容和赞美李小文，但对李小文自己来说，他的生活态度和工作态度更可能是习惯，是兴趣，是爱好。只是爱"酒里乾坤，三杯两盏淡酒间与学生趣谈诗书武侠"，爱用"黄老邪"之名在博客上写写涂涂，在自己的科学天地与人小过几招。"布鞋院士"盛名之下，仍是一个喜欢光脚穿布鞋的"技术宅男"。他遵从的，只是自己的"一点素心"，一颗初心，无关其他高端的形容词。

就在几天前，1月7日，李小文以高票当选北京师范大学第六届"感动师大"新闻人物。由于他酷爱阅读金庸小说，颁奖词也颇具武侠风："一点素心，三分侠气，伴你一蓑烟雨任平生。"当时他因身体原因未能出席，但想必是乐意听到这样的评价的。

《人民日报》2015年1月12日第8版

科学精神像星辰照亮未知

对一个国家、民族乃至人类整体而言，

杰出的科学家就是一颗颗星，

用自身的智慧和坚持照亮了原本未知的世界

　　在浩瀚的太阳系中，运行于火星和木星轨道中间的一颗小行星，如今有了自己的名字——"宋健星"，中国科学家的名字又一次上探苍穹，如星辰闪亮。

　　由于宋健院士在航天、"863"等高科技和基础研究计划等领域的成就，以及作为杰出战略科学家为我国科技事业发展和科教兴国战略作出的重大贡献，不久前，中国工程院、何梁何利基金、中国科学院紫金山天文台共同举办命名仪式：经国际小行星命名委员会批准，紫金山天文台盱眙天文观测站发现的国际编号为210210号的小行星，正式命名为"宋健星"。

　　目前，由中国科学家名字命名的小行星已多达几十颗，这在以中国人名字命名的行星中，占了绝大多数。这大概也是人们所公认和推崇的：探索生命和宇宙奥秘的科学，改变和提升人类生活质量的技术力量，像星辰般具有永恒不可磨灭的价值。对一个国家、民族乃至人类整体而言，杰出的科学家就是一颗颗星，用自身的智慧和坚持照亮了原本未知的世界。

　　好奇心是人类被馈赠的最大天赋之一，科学则是打开这个内在宝藏的钥匙。对普通人而言，科学发现就像天上的星星，那么遥不可及。但每当得知重大科学发现的消息，看到讲述科学家灵感迸发的电影，人们都会情不自禁地热血沸腾，这时候，科学知识的障碍已不是问题，好奇心足以帮助越过这些障碍。

　　人生有很多条路可走，世界也因为人们拓展不同的领域而绚丽多姿、丰富多彩。可矢志从事科学技术研究的人，总能获得人们由衷的尊重。这大概是因为在这些人身上有一种特殊的情怀。这种情怀，可以帮助抵御"科学家能不能挣大钱"的聒噪，能够帮助坐热十年的"冷板凳"……有情饮水饱，科学家和科学发现之间，又何尝不是一种相濡以沫，以诚相待，相互"成就"。作出巨大科学贡献的大师，拿到国家最高科学技术奖500万元奖金的那些大科学家们，自有大情怀。

　　宋健院士把"宋健星"的命名比作为给他颁的一朵"小红花"，也鼓励中国科学家不断努力，取得更多的发现。他在和小天文爱好者热烈互动时，除了细心讲解天文、航空知识，还鼓励孩子们有"雄心壮志"："天上还有很多星星，希望你们中间有人可以去发现它，也用自己的名字给小行星命名。"相信总会有一个孩子，因为这样的一句话，从此踏上科学之路，寻找到属于自己的一颗小行星。

《人民日报》2015 年 4 月 17 日 第 9 版

展现时代精神　共筑航天梦想

航天梦永远呼唤好奇心，
航天事业永远需要年轻人的青春亮色

香港青年学生代表与"太空出差三人组"——神舟十二号航天员聂海胜、刘伯明和汤洪波天地连线；神舟十二号航天员在轨展示如何在失重环境中做实验、锻炼和饮水；中国载人航天工程总设计师周建平院士深入介绍我国空间站建造相关情况，并回答香港市民关切的问题……

9月3日下午，在欢快热烈、亲切友好的氛围中，"时代精神耀香江"之仰望星空话天宫活动在北京和香港两地成功举办。近300名香港科技工作者、教师和大中学生与神舟十二号航天员、航天科学家一道，进行了别开生面的天地互动。

这是一场令人难忘的科技盛宴，也是一次以航天话题为纽带的情感交流。香港年轻人问得有趣：宇航员最酷的地方是什么？太空出舱后能看到香港吗？航天员和科学家答得用心："能分辨出香江的美丽港湾""希望看到你们酷酷的太空身影"……祖国航天事业的不凡成就和太空的神奇生活，引发阵阵掌声。当"香港呼叫神舟十二号"声音响起，三位航天员悄然飘到镜头面前，又引来一阵欢呼。这一刻，香港民众不仅与太空生活近距离，也和国家航天科技发展成就、国家顶尖科技零距离。欢呼和掌声，表达的是强烈的爱国心和自豪感。从每一次航天员到访香港，到前不久航天科学家携月壤入港，总能掀起万人空巷的热潮，总会搅动香港民众身为中华儿女对国家发展成就的骄傲和逐梦星空、探索未知的壮志豪情。

这是怀揣爱国情怀的心心相印,也是追逐强国梦想的同频共振。中国人进驻自己的空间站,国家航天事业取得历史性进展,离不开航天科学家不畏艰难险阻、顽强攻关,离不开以爱国精神为底色的中国航天精神的有力助推。嫦娥揽月、天问奔火、筑梦天宫……从嫦娥五号工程中的"表取采样执行装置",到天问一号"火星相机",再到三项香港学生实验随神舟十一号载人飞船进入太空,香港元素在中国航天成就中熠熠生辉,反映出内地和香港的科技工作者齐心协力,一步一个脚印开启太空探索的新征程。正如香港特别行政区行政长官林郑月娥所说,我们不可能都是科学家或是杰出人士,但我们都应该以国家发展为荣、以中国人身份为傲。

航天梦永远呼唤好奇心,航天事业永远需要年轻人的青春亮色。这一场天地对话中,一双双渴盼的眼睛,流露出对太空的向往,饱含着对探索的热情。神舟十二号航天员乘组能够幸运地跑出空间站飞天"第一棒",凝聚着万千航天人付出的辛勤汗水,展现了新时代的新成就。来自香港科技大学的郭同学,从小崇拜中国首飞航天员杨利伟,长大后毫不犹豫报考了航空航天专业,立志成为一名航天人。当香港青少年进一步走进和了解祖国航天事业,他们探索未知、敢于创新的科学热情和为祖国为民族发展施展才华、贡献力量的劲头会更加强劲。

《人民日报》2021 年 9 月 4 日第 5 版